FUN

吐司密技無藏私全公開！

目次

自己的酵種自己養

推薦序

在競爭激烈的臺灣烘焙市場，為了讓自己的手藝、技術能被廣大的消費者所青睞，可以看見許多的烘焙師傅不斷地求新求變，而旭夆師傅就是我所見到的其中一位佼佼者，無論在口味的創新研發及味道的精準度上，旭夆投入非常多的時間與精力，然而要創造出大家口耳相傳、有口皆碑的產品，是一件相當不容易的事，這些經驗與歷程，都是師傅心血的結晶與智慧！

最讓人敬佩的師傅，並不是得過多少獎、麵包作的多好吃，而是「願意分享」，旭夆把他的智慧與經驗，透過文字與圖案的紀錄，集結成一本書，讓大家能輕易地學會麵包製作的技巧，這種無私的奉獻，才是最讓人尊敬的大師風範！

期待在未來的日子，能繼續看見旭夆師傅研發更多的烘焙產品，繼續將他的心血結晶集結成系列作品，讓大家一同來分享。

-蛋糕協會副會長-

何文熹

麵包對於一般人來說，是一門技術，在旭夆的書裡對他來說，是一種溫度。
技術&溫度 沿 旭 風 味。

-久久津乳酪執行長-

我認識夆哥有七年多了, 在跟夆哥共事的日子當中, 不難從每天的工作中看出, 夆哥對麵包有著極度的執著和熱情, 無論我們工作到多晚, 有時從早上七點一直工作到晚上九點, 如此辛苦的磨練著技術, 卻絲毫不減夆哥對做麵包的興趣, 這大概就是成為一個麵包職人最基本的條件吧！
格搭德威爾在”異類”這本書中提到的一萬小時定律, 對像我們這樣把廚房當家的廚師來說, 早已是必跨門檻, 夆哥成為麵包師傅到今天, 早就擁有遠超過一萬小時的專業磨練, 對於麵包專業所要具備的技術以及知識, 都是本該背負在身上的功夫。
而夆哥在台灣許多知名的烘焙教室所開設的麵包課程, 更是受到好評, 將專業技術帶到家庭烘焙的領域, 也為夆哥帶來非常高的人氣, 尤其是台灣現在烘焙教室林立, 卻充斥著一些沒受過完整專業磨練的”老師”, 搪塞給學員不完全正確的技術和理論, 相較之下, 夆哥能在課堂中闡述的烘焙理論就顯得格外重要, 唯有學習到正確的理論知識, 才是把麵包做好的源頭！
這本書集結了夆哥好幾年來對於麵包專業的領悟, 相信讀者能從本書內容發掘到許多有幫助的概念以及想法！

-L’ atelier du Bon Pain主廚 -

教育在於使人知其所未知
在某次教學的過程中，偶然的機會認識了旭夆老友，一見如故，我們都對於傳達基礎的東西給學員有著深層的使命，覺得基礎才是一切的開端！ 教育這條路是條長遠的路，由基礎出發，
更能夠清晰的窺見，洞悉食材了解食材最本質的內在韻致。 透過這本書相信會有更多人跟我一樣，得到知識的一大躍進，更體認到旭夆師傅的觀念邏輯，如果你能在書中找到讓自已茅塞頓開的答案，那這本書就是幫助了你，了解基礎更能夠幫助你們做更多的變化，推薦給你們！

-Studio du Double-V創辦人-

旭夆師傅一直是個不斷努力學習求進步的師傅，尤其在精進他自己的麵包技術上，
我相信以這樣上進的精神，這一本書絕對會讓您學習到很多的知識與技巧，然後收穫滿滿的！

-安堤生烘焙行政主廚-

旭夆老師--一位對麵包製作充滿熱情與執著的師傅
第一次在墨菲烘焙教室見面， 就能感受到旭夆老師對麵包的堅持！

開課的前一天，他必定親自到教室前製上課所需要的麵種，老師對麵包照顧，就像呵護小孩一般，即便需要花很長的時間製作， 老師仍然是有耐心的等待。
旭夆老師喜歡和學員聊麵包，更喜歡教學，往往談到麵包，話匣子一打開，就怎麼也停不下來。

為什麼會出基礎麵包系列課程？
要學好任何事物， 最好的方式就是從基礎學起 ，只要根基打好了，再學習進階就不是難事， 學習麵包製作，也是相同的道理。
為了滿足大家對麵包想從根探究的熱情，教室和老師一同合作，開發設計這一系列的基礎課程。

期望這本書，讓大家能從中獲益， 對麵包的知識有更進一步的了解。

-墨菲烘焙教室執行長-

FUN

老師的話

近年來，許多朋友們對手作麵包都躍躍欲試，但是對製作麵包的基礎原理卻懵懵懂懂，明明自己已經照著烘焙書一步一腳印，分毫不差的拷貝流程了，可是烤焙出來的成果卻還是不盡理想。

如果有本書可以幫我把艱深晦澀的烘焙理論簡化成白話文，並且可以在我實際操作時，解決我的盲點那該多好啊！擁有基礎吐司麵包一書的朋友們，請帶著您的細心與耐心，跟我們用熱情一起愛麵包吧！

相信熱愛著烘焙的朋友們，都曾經思索過如何創作出屬於自己的麵包吧！對我而言，首先，必須先將自己「歸零」，並且去熟悉烘焙流程的...『點』→『線』→『面』。

『點』：是指麵包的基本材料。(例如：水、鹽、酵母等...)
『線』：是指麵包的製作流程。(例如：攪拌、發酵等...)
『面』：是指麵包的製作方式。(例如：直接法、中種法等...)

坊間許多五花八門的烘焙課程日益增加，對烘焙有興趣的朋友們如過江之鯽，可是卻苦尋不到合適的相關書籍，另外，市面上基礎書大多以檢定書籍為主，許多手作烘焙的朋友們往往興趣缺缺，綜合以上因素，故著手策劃此基礎教課書誕生。

因此，本書的主要使用族群設定為：有興趣動手實際操作的學員，或是坊間烘焙社團、甚至是在家自學的朋友們，以簡單操作、低失敗、高成就感，為全書的走向，希望能讓各位喜愛烘焙的朋友們滿載而歸，將是我的榮幸。

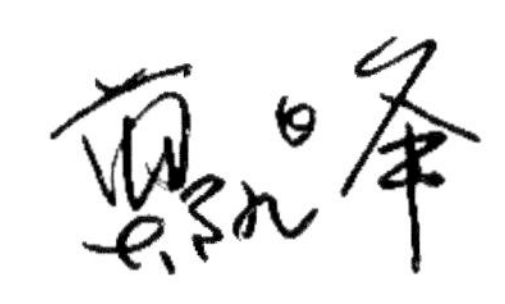

作者簡介

畢業於高雄高苑科技大學 企業經營管理系
現任「夆」工作室執行長

任職經歷

多貝麗國際有限公司 技術總監
台中L'atelier du Bon Pain 副廚
高雄莎士比亞烘焙坊 主廚
台南安堤生烘焙坊 副廚
日本台灣東客Johan股份有限公司

從零開始-基礎吐司麵包

吐司（英語：toast），主要成份為麵粉、酵母、糖、鹽、蛋（用於烤出吐司上方金黃色的外皮），原本屬於西方的早餐，因為世界地球村的影響，亞洲人的早餐也日趨西化。
在此將提供四種基礎吐司配方及想法與大家解說分享。

認識麵包製作的相關材料

麵包的基本材料組成及功能－麵粉

小麥粉Wheat flour

小麥粉含有麥穀蛋白、醇溶蛋白、澱粉與糖等醣類以及酵素，透過攪拌使水份與其結合，產生麵筋薄膜組織形成麵包主要的網狀結構(澱粉與麵筋)，麵筋會因為加熱而產生熱固化，形成麵包的主要架構。

麵粉中的酵素(澱粉酶)，會將澱粉分解為能提供酵母養份的醣類亦即提供酵母養分的來源。

影響麵包的味道與香氣灰份越高，酵素含量就越高，相對活性也越強，在水解作用中，蛋白酶分解蛋白質，產生胺基酸，結合未分解完的醣類，有效促進梅納反應。

烘焙製品中最基本的小麥粉，同時也是佔比最多的食材。小麥由於季節、地域、氣後種種因素之不同，因而小麥品質亦不同，故產生不同性質之麵粉。

小麥由83%胚乳、14.5 %麩皮、2.5 %胚芽所構成。麵粉的分級規格是依蛋白質及灰分含量而定。蛋白質含量是由小麥品種決定；而灰分含量是來自胚乳部位及糊粉層的影響。

裸麥粉Rye

裸麥（學名：Secale cereale）又稱黑麥(灰分高，顏色較深)，裸麥粉中蛋白質含量無法足以形成麵筋結構，無法撐起蓬鬆輕盈樣貌，但裸麥中的賴胺酸和半纖維素除了有高價值的礦物質及維生素營養，加上具有獨特的穀物風味，搭配運用於硬質或半硬質麵包粉類當中，將呈現出特殊的風味及香氣。

全粒粉Graham flour

全粒粉是將整顆麥子研磨保留整粒小麥成分的的營養精華，包含胚乳、麩皮、胚芽呈現小麥最完整的天然風味，相較於一般麵粉含有更多的礦物質和食物纖維。由於全粒粉外殼(麩皮)及胚芽比例較高，因此麵筋組織會被硬殼等破壞切斷，所以不能保留二氧化碳而影響膨脹力。

但在硬質或半硬質麵包粉類當中加入部份全粒粉，將呈現出獨特的口感及風味。

經濟部CNS國家標準：小麥麵粉分級標準

類別	顏色	細度	水分(最大量)	粗纖維(最大量)	灰分(最大量)	粗蛋白質含量
特高筋	乳白	100%通過 0.2mm 孔徑篩 CNS386 40%通過 0.125mm 孔徑篩 CNS386	14%	0.8%	1.0%	>13.5%
高筋	乳白	同上	14%	0.75%	1.0%	>11.5%
粉心	白	同上	14%	0.75%	0.8%	>10.5%
中筋	乳白	同上	13.8%	0.55%	0.63%	>8.5%
低筋	白	同上	13.8%	0.5%	0.50%	<8.5%

小麥結構圖

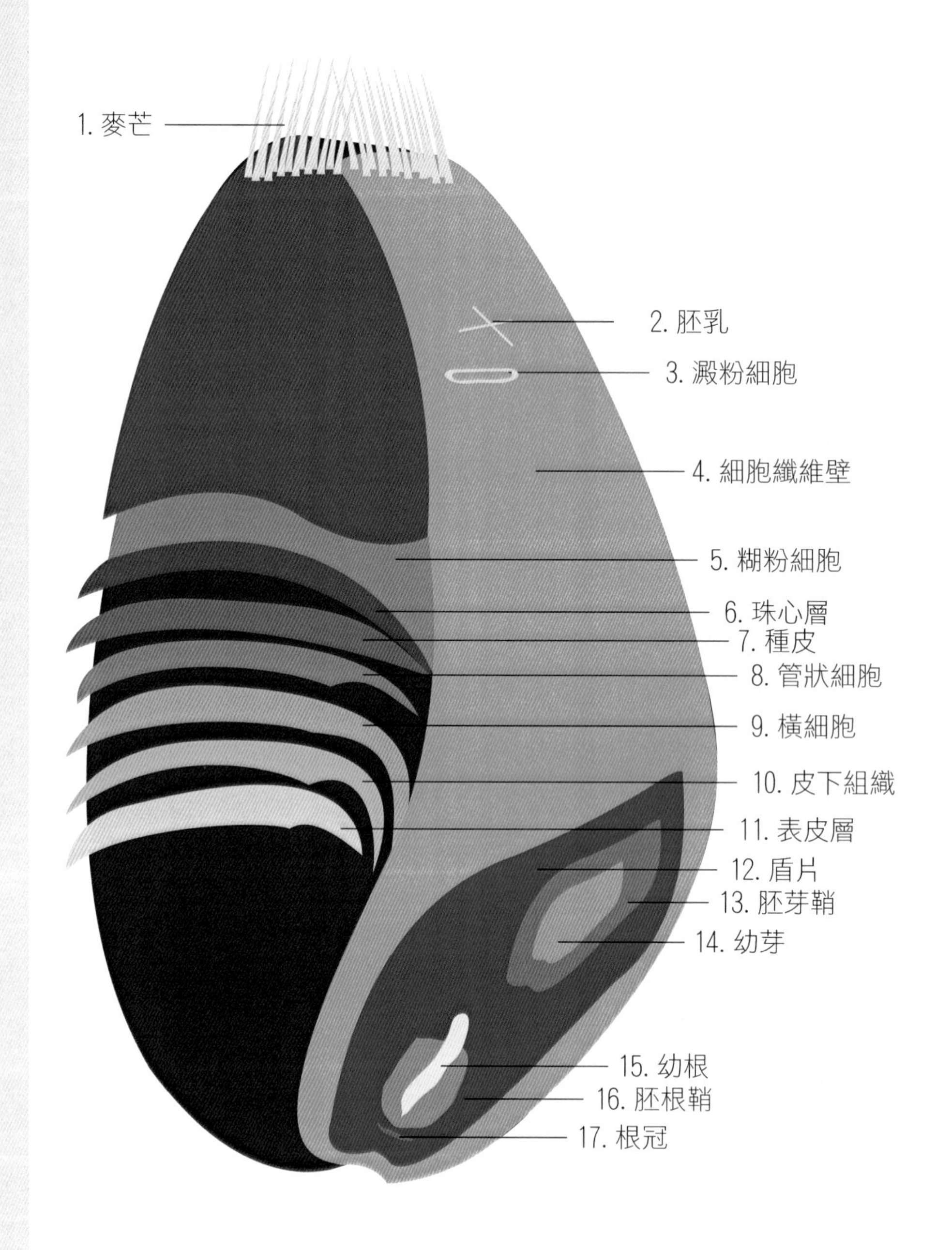

註 2~5 胚乳層(澱粉、蛋白質等)
6~11 麩皮層(纖維質、蛋白質、礦物質等)
12~17 胚芽層(脂質、蛋白質、礦物質等)

麵包的基本材料組成及功能－酵母

酵母菌是一種微小的單細胞微生物，屬植物性真菌。

酵母生長過程中產生酵素，主要是這些酵素將麵糰中的碳水化合物分解成葡萄糖、果糖等單醣，再經酵母之酒精發酵作用轉變成二氧化碳等產物，但乳糖無法被利用。酵母菌利用麵糰中的糖及胺基酸等營養成份，以生長增殖並進行酒精發酵，產生二氧化碳、酒精、有機酸及熱量能使麵筋軟化，使麵糰變成蓬鬆、多孔之海綿狀質地。

發酵過程中，酵母所產生的二氧化碳被包圍在麵筋組織中，經高温烘烤，而所產生的有機酸，除可使麵筋柔軟成熟外，亦會產生與芳香風味有關的揮發性成分，提供麵包特殊的香氣及形成鬆軟組織。

種類與使用方法

烘焙業使用之酵母分三種:新鮮酵母、乾酵母、即溶乾酵母，依麵包的種類及製作方法不同，使用的酵母種類和添加的用量也隨之改變。一般酵母使用時應注意勿與鹽、糖等高滲透壓成分及冰水宜接接觸，以免影響酵母之活性。

新鮮酵母 Fresh yeast

屬於耐凍酵母。酵母菌經大量培養增殖後，以過濾或離心方式將酵母菌與水分離加壓，外觀呈淺乳白色。使用期限，在冷藏狀況下約製造日起一個月左右，開封後應盡早使用結束。

新鮮酵母

乾酵母Dry yeast

由於新鮮酵母之貯藏期限很短，故將新鮮酵母壓成細條狀或細粒狀，再經由熱風乾燥，使其形成淺褐色、顆粒狀、乾燥的活酵母。呈休眠狀態，在低溫及乾燥的環境下，活力可維持穩定，且保存期限較長。使用期限，在未開封狀況下約製造日起二年左右。開封後需冷藏保存，應盡早使用結束。使用前以溫水(32℃)浸泡5-10分鐘，待酵母產生活力才加入麵糰，操作上稍麻煩，目前台灣比較少使用。而使用量約為新鮮酵母之1/2。

乾酵母

即溶乾酵母Instant yeast

新鮮酵母添加抗氧化劑及乳化劑後，再經擠壓及低溫乾燥，製作出體積比乾酵母小之淺褐色針狀小顆粒。在低溫及乾燥環境下貯放時間相當久，使用時直接加入麵粉中與其他乾性材料一起攪拌，但須避免與冰水、糖、鹽等直接接觸，以免影響其活性。使用期限，在未開封狀況下約製造日起二年左右。開封後需冷藏保存，應盡早使用結束。而使用量約為新鮮酵母之1/3。

即溶乾酵母

麵包的基本材料組成及功能－水

水在烘焙產品中的功能

麵粉與水混合攪拌形成水合作用，小麥蛋白吸收水份後，進而形成麵筋的狀態。

水藉由澱粉吸水膨潤後促進糊化，形成均勻的麵糰或麵糊狀態。

水具有溶化鹽、砂糖等水溶性材料作用，使得均勻分散麵糰中。經高溫烤焙產生氣化，部分水份會保留在麵包中。

於發酵階段時，酵母菌生長需要適當的溫度、水及營養成份。水調整麵糰溫度及硬度恰當，所形成的麵糰之流變性佳產品品質亦優。

(註)水質/硬度/pH質

40~120ppm的中程度硬水較容易操作，軟水會形成溼黏度較高的麵糰，硬水會使麵筋過緊，麵糰太硬容易斷裂，表皮口感也會過於尖銳厚實。

麵包的基本材料組成及功能一鹽
鹽於烘焙產品中的三大功能

1.調整產品的風味: 鹽除了提供適當的鹹味味道外，還能修飾強化其他成分的風味也是麵包不可或缺的食材。
岩鹽(礦物質高)和海鹽(含微量藻類)鹹味較精鹽來的溫和，具有回甘滋味。

2.增進麵筋之韌性彈性及調整麵糰的性質:鹽具強化麵筋網狀結構的功能，故能保留發酵所產生的二氧化碳以及提升麵筋的保水能力，同時使麵糰富有彈性膨大的效果。

3.適度調整酵母的發酵力及影響麵糰發酵時間:鹽可協助支配或控制酵母菌的活動，抑制急促酒精發酵，維持麵包香氣及風味。可抑制雜菌微生物繁殖生長，進而促進正常的發酵。

糖類 Sugar

1.酵母的養份:部分蔗糖被分解出葡萄糖和果糖，成為酵母的餌(發酵源)。

2.麵包著色:由於轉化酶作用，將糖分解成果糖和葡萄糖產生金黃咖啡色澤。

◎梅納反應:蛋白質(胺基酸)與還原糖的反應。

◎焦糖化反應:糖單體的反應。

3.給予甜味:高温之下，砂糖會產生焦化反應，以及結合蛋白質產生梅納反應，讓麵包增添風味及香氣。

4.防止老化:烤焙後口感濕潤，不易變乾硬，保水性高。

5.給予麵糰延展性。

麵包的基本材料組成及功能－副原料

乳製品在烘焙產品中的功能

油脂 Fat

改善麵糰的延展性:揉合油脂的麵糰，因油脂的可塑性而使麵糰的延展性變佳。

給予風味及香氣:奶油加熱後更添風味，並賦與麵包特殊香氣。

麵包體積的增加:提升麵包膨脹力。

防止老化的效果:延緩硬化。

麵包的基本材料組成及功能－副原料

乳製品在烘焙產品中的功能

乳製品Dairy

給予風味及香氣：乳製品固體成份(乳糖、乳脂肪、蛋白質)加熱後，產生化合物而呈現香甜奶香風味。

調整酵母的發酵力：奶粉加入麵糰，可延長麵糰發酵彈性，不會由於時間的拉長影響麵包品質，反而有助於品質的管制。
麵筋的加強:配方中添加奶粉可增強麵筋及麵糰吸水量。
給予著色：乳糖產生焦糖化和梅納反應，烤焙呈現鮮豔茶褐色。但乳製品內的乳糖不會成為酵母的營養源。

營養價值的增加：麵粉蛋白質為一種不完全的蛋白質，缺乏人體不可缺少所需之胺基酸(例:離胺酸、色胺酸、甲硫胺酸...等)，而添加奶粉正可彌補胺基酸的不足，增加營養價值。

麵包的基本材料組成及功能－副原料

雞蛋在烘焙產品中的功能

雞蛋Egg

給予風味及香氣:蛋黃能增添麵包香氣和風味。

麵包體積的增加:蛋白增加麵筋韌性強度和體積結構及促進組織結合乳化。

給予麵包內部及外皮黃色的著色:蛋黃中胡蘿蔔(色素)可使麵包表皮及內側呈現黃色，與油脂一樣都具有最大效果。

延展性及口感的改良:蛋黃中所含的卵磷脂(磷脂質-天然乳化劑) ，乳化麵糰中水份及油脂，使麵糰變光滑柔軟並體積增加。

營養價值的增加:蛋的營養價值如蛋白質、油脂、礦物質、維生素等有利於人體健康，促進生長的重要因素。

麵包的基本材料組成及功能－其他

麥芽精estratto di malt

將大麥浸泡在水中，經催芽後低温乾燥，保留催芽過程中產生的活性酵素（Enzymes或稱酶），後續將催芽後的大麥搗碎再加入適量温水至粉末麥芽中再次發酵，放在桶中使其熟成，利用大麥中所含的澱粉使其轉化成醣類之物質。以成分而言，是富含麥芽糖和澱粉酶等酵素成分。

在麵包製作上的功能

促進麵包酵母之活性及增加麵糰的延展性。

由酵素的麥芽糖分解酵素麥芽糖酶，分解成葡萄糖(單糖類)，供給酵母養份，產生酒精發酵，進而提升麵包風味。

配方內無砂糖，麵包烤焙時著色差，添加後可以改善麵包烘烤色澤。

改良劑 Dough improver

改良劑一開始主要是為了用於調節攪拌麵糰內使用的水質，安定及改善麵糰的彈性與延展性。

麵糰(質地)的改良

- 改良麵糰的延展性→乳化劑、還原劑、酵素
- 強化麵糰的彈性→酸化劑、水質改良劑
- 改善黏稠度→葡萄糖氧化酶、碳酸鈣
- 酵母活性化→各種的氮源、酵素

製品(麵包)的品質

- 改善口感→乳化劑、加工澱粉
- 膨度的增加→乳化劑、增黏劑、酵素水質改良劑
- 延遲老化→乳化劑、加工澱粉
- 保存期的延長→乳化劑、pH調整劑

麵包製作流程

想製作出理想的麵包，麵包的品質
攪拌過程麵糰的好壞佔25%，發酵過程佔70%，
其它(及細節)過程佔5%。
後續的麵糰發酵作用會受到麵筋結構、麵糰溫度所影響，所以正確的攪拌操作及材料置入的先後順序和時機點，都是確保品質很重要的一個環節。

攪拌 Kneading

攪拌的功能

1.將水與材料均勻混合

經由攪拌讓所有材料得以混合均勻分佈於麵糰每一個部分，形成麵粉均勻的水化現象。

2.麵粉水合形成麵筋

透過持續攪拌能破壞麵粉表面韌膜，使水分充分濕潤麵粉中心與乾麵粉顆粒，使蛋白質和澱粉粒對水的吸收速率加快。

3.具適度彈性及延展性的麵糰

麵粉的成份中麥穀蛋白(glutenin)與醇溶蛋白(gliadin)，經吸水後形成具網狀結構的麵筋，將氣體包覆在麵糰中產生氣泡核，稱為麵糰擴展。

攪拌的階段

1.拾起階段

將乾、濕性材料混拌，麵糰無法成形。沾黏、粗糙呈糊狀，因麵筋尚未形成而無延展性，所以麵糰表面顯得粗糙。

2.捲起階段

麵粉吸水後加上透過攪拌形成麵筋，麵糰表面略乾燥不再黏著缸邊，但用手拉麵糰時麵筋形成較少，薄膜厚且切口斷裂不規則。此階段攪拌機可由低速轉為中速。

3.擴展階段

麵糰表面逐漸乾燥而具有光澤，用手拉麵糰麵筋時有紋路非呈薄膜狀，切口斷裂稍有鋸齒狀，但具延展性仍易斷裂。

4.完成階段

指麵糰充分擴展，表面細膩光滑不黏手，具良好的延展性；攪拌時會有清脆拍打離缸的聲音，用手撐開麵糰形成薄膜(看見手指紋路)，用手指戳破切口有圓形平順裂痕且甩動還富有彈性。

5.攪拌過度階段(麵筋斷裂階段)

麵糰呈現濕潤光澤及異常沾黏現象，麵糰停止攪拌時，攪拌鉤無法再將麵糰捲起且持久固定形狀，而會向四周流散，麵糰也失去延展性及無甩動的彈性。

(註)1~4階段是屬於麵糰完全擴展、完成模式。

5階段是表示麵糰已經過度攪拌(麵筋斷裂階段)。

基本發酵 Primary fermentation

基本發酵的功能

1.產生氣體，增強麵糰體積膨脹

麵包所使用的酵母吸取麵糰中的糖，在轉化酶作用下，將澱粉分子水解成可發酵醣（即將雙醣和多醣轉化成單醣），酵母利用單醣進行新陳代謝，產生酒精發酵進而生成二氧化碳(CO_2)。

2.改變麵包質地

發酵所產生的二氧化碳(CO_2)及酵素，使麵糰膨脹、柔軟且延展性佳，麵筋形成小氣室，氣體保留麵糰中，讓麵包組織輕盈、鬆軟。

3.產生氣體呈現麵包風味

發酵過程中的生化反應，除了產生二氧化碳之外，也會生成乙醇和有機酸等化合物，使麵包呈現豐富芬芳及風味，但應避免溫度過高導致雜菌生長、繁殖，影響麵包品質及風味。

基本發酵的理想條件為:麵糰溫度25~28℃，濕度75%~80%。

翻麵 Fold

翻麵的功能

1.藉著翻麵將麵糰內發酵所產生的酒精及二氧化碳稍微排出，並注入新的氧氣讓酵母重新均勻產氣，活化酵母。

2.麵糰經過發酵麵筋鬆弛，藉由翻麵摺疊，除了物理力量緊實麵筋和增添麵筋之擴展，亦可促進麵糰烤焙彈性變佳。

延續發酵 Floor time

麵糰經過翻麵之後的發酵稱為延續發酵。延續發酵時間大約為25~45分鐘，使酵母再發酵產生氣體，麵筋能形成更穩定的結構，具有良好的柔軟性與彈性，並增加保氣性。

延續發酵的理想條件為:麵糰溫度25~28℃，濕度75%~80%。

分割 Dividing

依照後續要整型製作產品的種類及形狀項目，分割成重量相同的塊狀，以利於整型。避免分割時間長短不一，而導致影響產品前後不一致，所以分割時間盡可能最好可以在20分鐘內完成分割。

滾圓 Rounding

麵糰在分割時，麵糰會失去部分已經產生的二氧化碳，所以滾圓則是將麵糰滾動呈球狀或輕輕排氣摺疊收挺，功用是讓麵糰表面的麵筋組織緊實，恢復柔軟性和保持光滑的外皮，並且防止酵母產生的新氣體外洩，增進內部組織顆粒細緻。同時，光滑表皮的另一個好處是改善麵糰不黏手，且整型能順利向各方向延展，所以滾圓是項非常重要的一環基本功作業。但因應麵糰或麵包種類，而排氣的力道強弱或形狀也會有所不同。

中間發酵 Bench time

滾圓後的麵糰會因失去氣體而變得結實缺乏彈性而不易整型，需經過靜置發酵，讓麵糰重新產生氣體，回復應有的延展性與柔軟性，使後續的整型操作不致斷裂。
中間發酵的理想條件為：25~28℃，相對溼度：70~75%。

整型 Moulding

麵糰經由中間發酵後，變得柔軟而有延展性，整合製作成各式形狀之成品，但首先重點要以產品烤焙後將呈現出屬於麵糰或麵包的種類及屬性(風味及口感)等考量，再整型其形狀。且力道要均勻排氣不傷及麵糰，良好的整型操作，使麵糰氣體被擠出，重新發酵讓內部組織更細緻均勻。

最後發酵 Final proofing

整型後的麵糰因氣體流失而缺乏彈性，藉由最後發酵除了能夠生成酒精、有機酸及其他芳香性物質，且讓麵糰膨脹，軟化麵筋組織，確保麵包於烤焙時有良好的烤焙彈性、體積和組織，並藉著麵糰溫度升高以活化麵包酵母與酵素。但最後發酵條件會依成品類型、製作的方法、原物料等，而有所不同。
最後發酵的理想條件為：溫度25~33 ℃，濕度75~85%。

烤焙 Baking

烤焙可分為三個階段

● 酵母活動階段

麵糰受熱中心點溫度由40℃左右，二氧化碳(CO_2)量大增，逐漸上升至60℃時，酵母受熱持續繁殖，仍有些微的發酵活動及二氧化碳(CO_2)的生成。麵糰中二氧化碳(CO_2)、乙醇活化氣體流動，保持住氣體的麵筋組織，導致麵糰增加流動性，形成麵包體積。超過60℃時，酵母所產生的發酵活動隨之停止，但麵糰因二氧化碳(CO_2)加熱而急速膨脹，至80℃時才停止膨脹狀態。

● 麵包定型階段

內部的溫度逐漸上升為80℃，麵糰中含有的水份開始汽化，輔助麵包澱粉進行糊化反應受熱膨脹，分子結構產生變化，填充在已經凝固的麵筋中，使麵包基本成熟定型。

● 烤焙完成階段

麵糰的中心點溫度超過80℃，水蒸氣開始活化，逐漸上升為93℃左右時，各種糖分開始發生各種化學反應，產生褐色（焦糖化反應）與梅納反應進而提升特殊的風味及香氣。

小知識

美拉德反應(Maillard reaction)

又稱梅納反應，指的是食物中的還原糖（碳水化合物）與胺基酸／蛋白質在常溫或加熱時相互作用形成一系列的複雜反應及物質香氣，其結果是生成了棕黑色的大分子物質類黑精或稱擬黑素。除此之外，反應過程中還會產生還原酮、醛和雜環化合物等不同氣味的中間體分子，為食品醞釀提供了獨特的風味和誘人的色澤。

冷卻 Cooling

烤焙出爐後的麵包在進行切片與包裝前必須經由適當的時間自然冷卻，若溫度過高會使包裝內產生水滴容易發霉，此外切片時因此產生崩壞及切片不齊，影響產品價值。

而如冷卻過度，則會導致麵包水份損耗，麵包乾硬品質不佳。麵包最適合切片及包裝的中心溫度為32℃。

此外當麵包冷卻後才會真正的完全散發出它的香氣，還能保持麥子的原味。

烘焙百分比與實際百分比

何謂烘焙百分比與實際百分比

1.烘焙百分比

配方計算時，固定將麵粉比率設定為100%，而其他材料的重量以各占麵粉的百分率計算，此種計算方式稱為烘焙百分比。烘焙百分比之計算比率的總和會超過100%。

烘焙百分比=材料重量/麵粉重量x100%

2.實際百分比

配方中各項材料與總材料量之比稱為實際百分比，又稱真實百分比。實際百分比之各項材料的百分比總和等於100%。

實際百分比=各項材料重量/配方材料總重量x100%

白吐司一直接法			
材料	重量(g)	烘焙百分比(%)	實際百分比(%)
昭和霓虹高筋粉	1000	100	51.5
細砂糖	60	6	3.1
鹽	20	2	1
奶粉	30	3	1.5
新鮮酵母	30	3	1.5
優酪乳	50	5	2.6
鮮奶	100	10	5.2
水	590	59	30.4
無鹽奶油	60	6	3.1
合計	1940	194	100
兩者的差異		1.配方中之麵粉百分比為100% 2.配方中總百分比為194%，大於100%。	1.配方中總百分比為100% 2.配方中麵粉百分比為51.5%，小於100%。

範例

已知實際百分比求烘焙百分比

烘焙百分比=材料的實際百分比/麵粉實際百分比x100%
例：昭和霓虹高筋粉:51.5/51.5 x100%=100%
細砂糖:3.1/51.5 x100%=6%
鹽:1/51.5 x100%=2%

已知烘焙百分比求實際百分比

實際百分比=材料的烘焙百分比/配方總烘焙百分比x100%
例：昭和霓虹高筋粉:100/194 x100%=51.5%
細砂糖:6/194 x100%=3.1%
鹽:2/194 x100%=1%

烘焙百分比與實際百分比較及換算

計算烘焙材料正確的用量，除了避免材料使用量錯誤及損耗而造成產品失敗外，也可有效控制成品，並增加烘焙產品利潤。計算步驟如下:

▲計算烘焙產品總重量:
產品總重量=每個烘焙重量x數量

▲計算所需烘焙麵糰或麵糊材料總重量:
所需麵糰或麵糊材料總重量=產品總重量/(1-損耗)

1.麵包製作過程中損耗包括:操作損耗、發酵損耗及烤焙損耗。一般吐司之麵糰允許操作損耗設為5%，烤焙損耗設為10%，
甜麵包之麵糰允許操作損耗設為5%，烤焙損耗設為5%。
2.蛋糕製作過程中之損耗包括:操作損耗及烤焙損耗。一般麵糊之允許操作損耗設為±10%。

▲計算材料總重量與烘焙百分比之重量倍數(係數):
重量倍數(係數)=材料總重量/烘焙百分比

▲求出各材料所需用量:
各材料所需用量=各材料烘焙百分比x重量倍數(係數)

範例：製作白吐司四條，每條吐司麵糰重量480g，(操作損耗設為5%)，試求配方中材料所需用量。

白吐司-直接法		
材料	烘焙百分比(%)	重量(g)
昭和霓虹高筋粉	100	1040
細砂糖	6	62.4
鹽	2	20.8
奶粉	3	31.2
新鮮酵母	3	31.2
優酪乳	5	52
鮮奶	10	104
水	59	613.6
無鹽奶油	6	62.4
合計	194	2017.6

<1>先計算出吐司麵包總重量:

480 X 4 = 1920(g)

<2>計算出所需麵糰材料總重量:

$\frac{1920}{1-5\%} = 2021\ (g)$

<3>計算材料總重量與烘焙百分比之重量倍數(係數):

$\frac{2021}{194} = 10.4$

<4>求出各材料所需用量:

昭和霓虹高筋粉:100 x 10.4 = 1040
細砂糖: 6 x 10.4 = 62.4
鹽: 2 x 10.4 = 20.8
......

《範例》

直接法吐司

使用傳統的直接法，且秉持質樸單純的材料製作
最基本的方形吐司，讓吐司儘量維持它的簡樸麥香。

TIPS !

麵糰溫度 .....23~25°C
基本發酵..........60P30
分割..........160gX3/條
中間發酵.......20~30分
最後發酵.......60~70分

★ 可製作12兩吐司模3條

材料	百分比(%)	公克(g)
昭和霓虹吐司粉	100	800
細砂糖	6	48
鹽	2	16
奶粉	3	24
優酪乳(無糖)	5	40
鮮奶	10	80
水	59	472
新鮮酵母	3	24
無鹽奶油	6	48
合計	194	1552

何謂直接法

又稱直接揉和法，是將配方中所有材料依順序攪拌至麵糰光滑具彈性後，直接進行發酵，再依照製程製作成各式麵包。

優點

- 一次攪拌，所需的全部作業時間可縮短並節省、人力、設備、與資源。
- 可以呈現主材料的風味及減少發酵損耗。
- 容易控制的口感及膨脹體積。

缺點

- 發酵與製作時較缺乏彈性。
- 體積受限於膨脹性。

預爐溫度	烤溫	時間
上火250℃ 下火260℃	上火240℃ 下火250℃	30~33分

作法 [STEP.1]

1. 依序將麵粉、砂糖、塩、奶粉、優酪乳、牛奶、水倒入攪拌缸中。

2. 用低速攪拌將材料拌勻。

3. 拌至麵糰呈現無粉末狀態時停止機器，將攪拌勾上的麵糰刮下來。

註：刮缸前請先停止機器，以免受傷

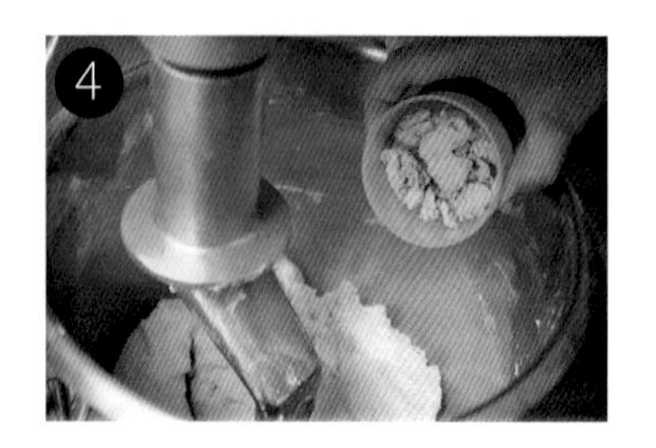

加入酵母。

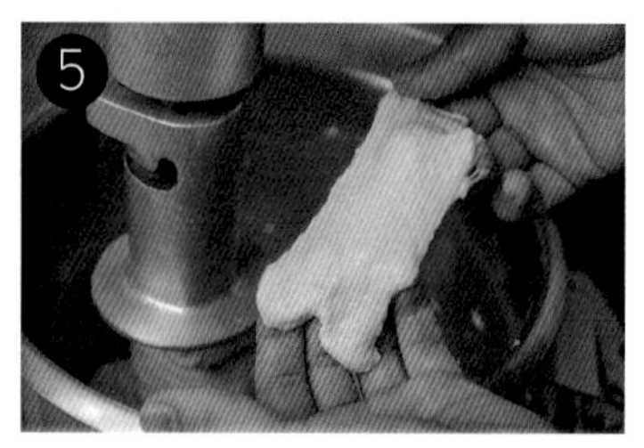

拌至麵糰有產生麵筋，進而轉中速攪拌。

拌至麵糰呈現表面光滑狀態時停止機器，取一小塊麵糰拉薄膜查看是否到達所需狀態。

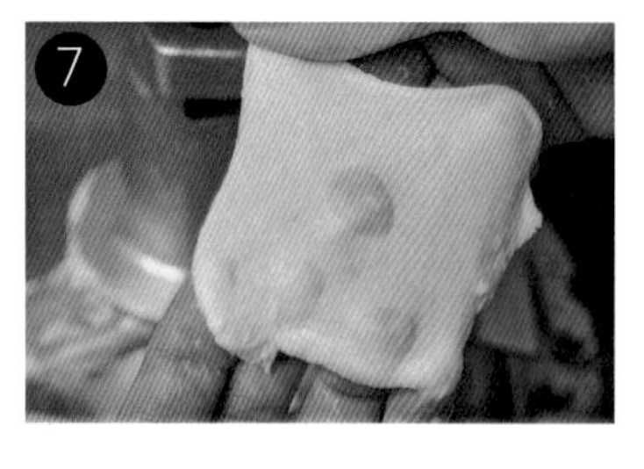

1.盡可能拉開麵糰，若能透過麵糰薄膜看見手指紋路即可進行下一步驟。

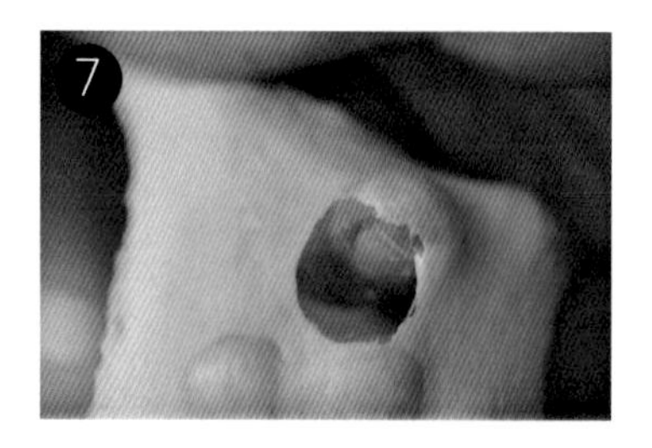

2.撕開的部份會呈現鋸齒狀這也是另一個判斷方法。

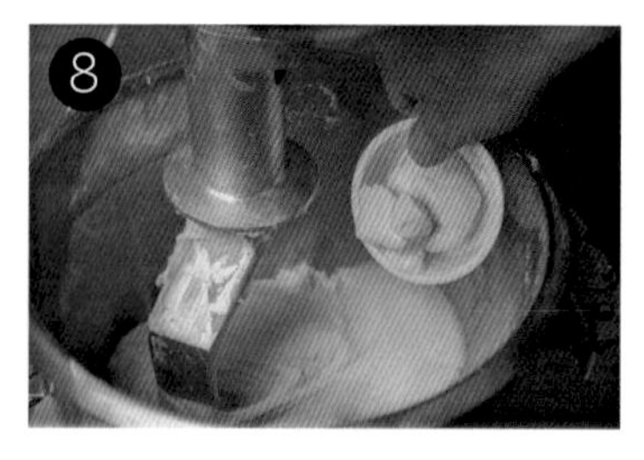

加入奶油，以慢速繼續攪打至均勻後再轉中速繼續打。

中速攪打至麵糰離缸狀態，取一小塊拉薄檢視薄膜是否到達理想狀態。

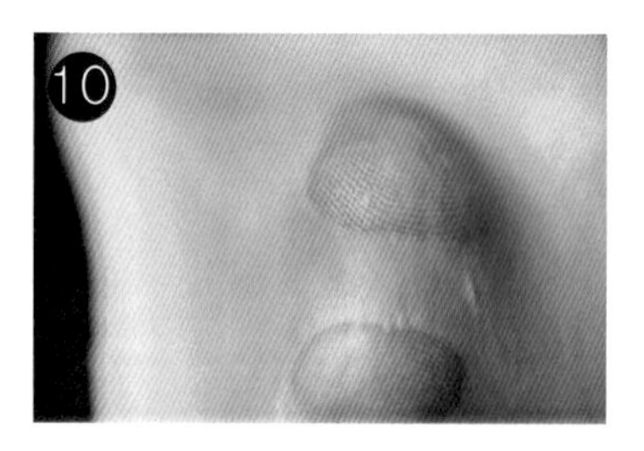

1.透過麵糰薄膜可看見指紋，此為最理想之狀態。

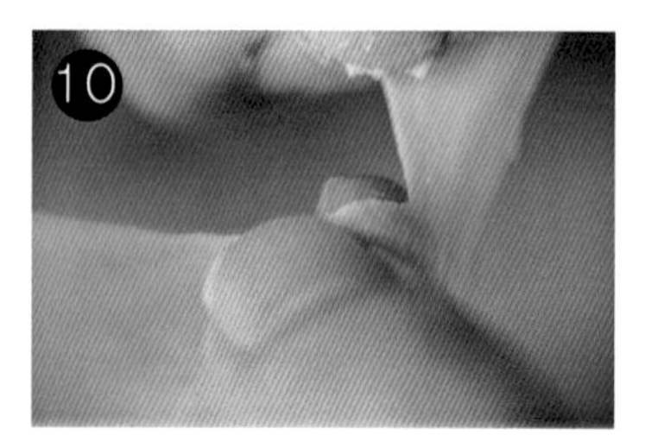

2.撕開薄膜呈現鋸齒狀，此為另一判斷方式。亦可拉甩麵筋感受彈性及延展性。

準備第一次整型，取一塑膠盒，噴上烤盤油。

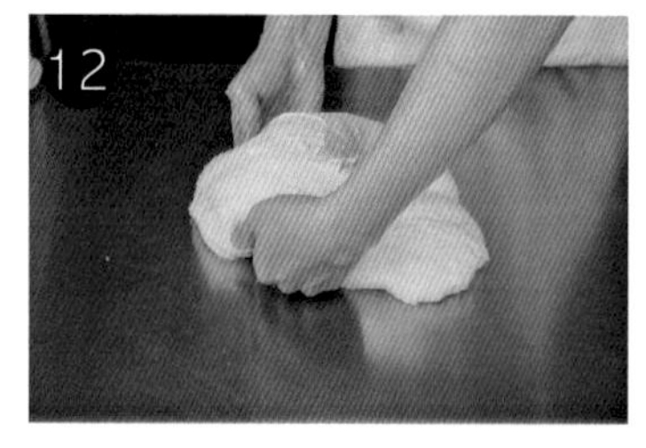

麵糰置於桌面，依圖用雙手拿起麵糰。

將麵糰轉正，再放置於桌上。

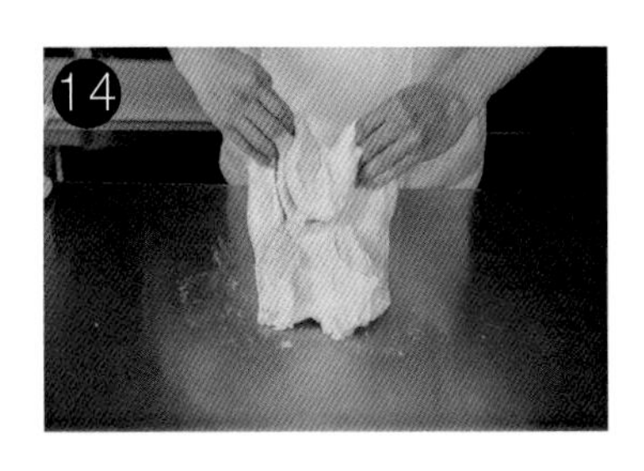

用雙手將靠近自己方向的麵糰2個角拎起，往前覆蓋前方麵糰。

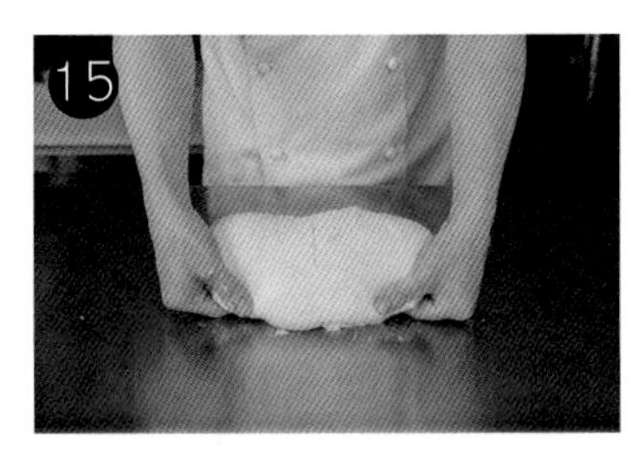

覆蓋前方麵糰後往麵糰下方收尾。再重覆步驟12~15約2次，麵糰會變得光滑。

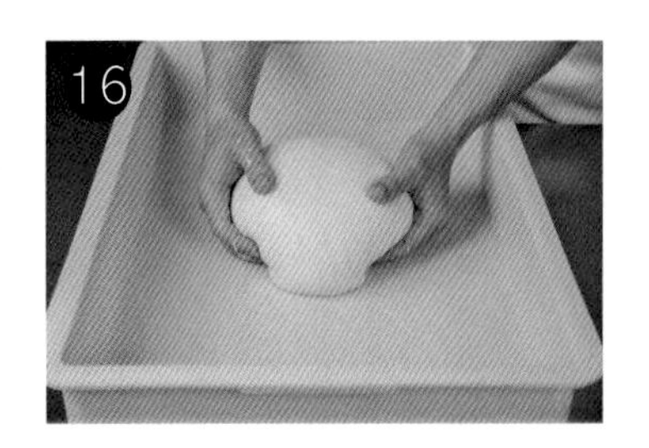

將整好的麵糰放入塑膠盒內。

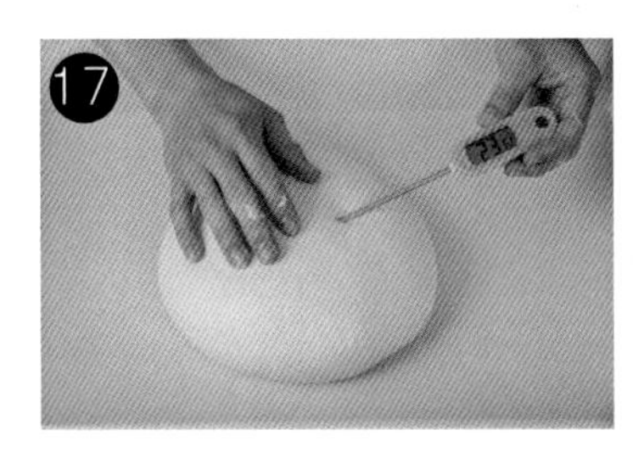

測量麵糰溫度，此時應為23~25度之間。

將裝著麵糰的塑膠盒置室温或發酵箱(温度25℃,溼度75%），做基本發酵，時間約60分。

註：刮缸前請先停止機器，以免受傷

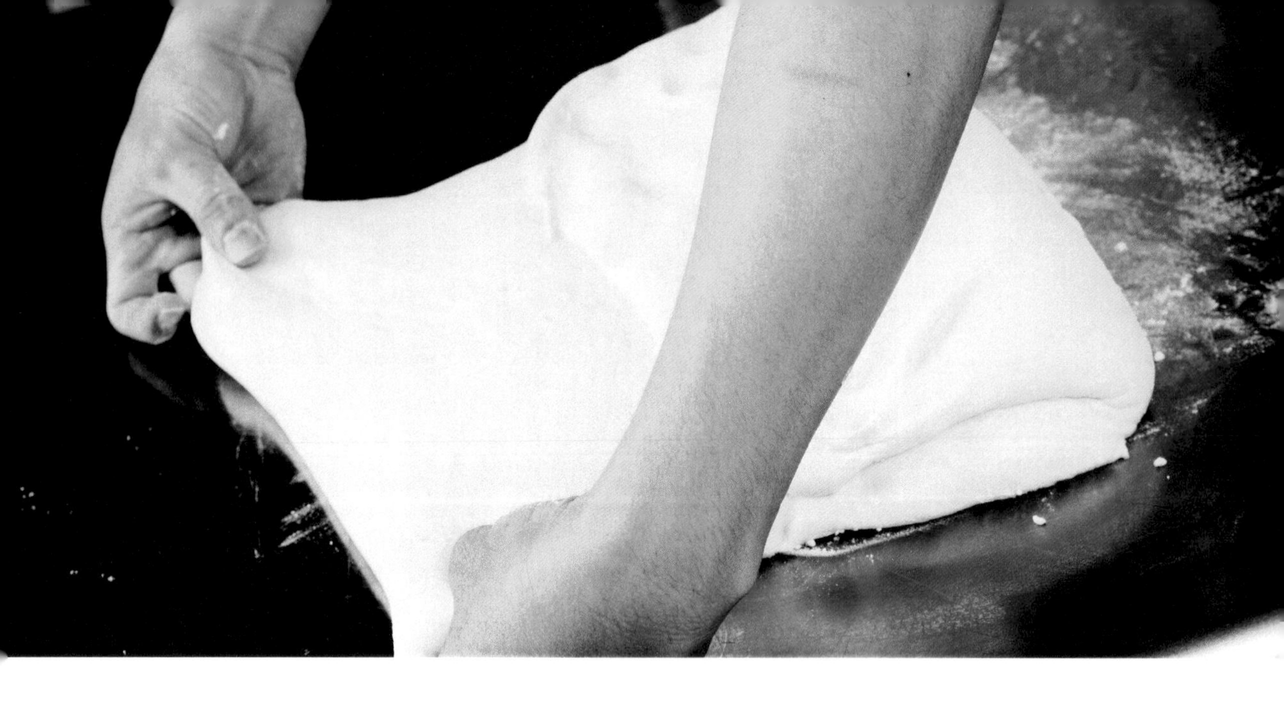

STEP.2
翻麵與整型

翻麵與整型，是在製作過程中相當重要的技能
整型的手法其實相當簡單，所謂熟能生巧，重覆不斷的練習可以讓你的成品賞心悅目

於麵糰表面灑上些許麵粉。

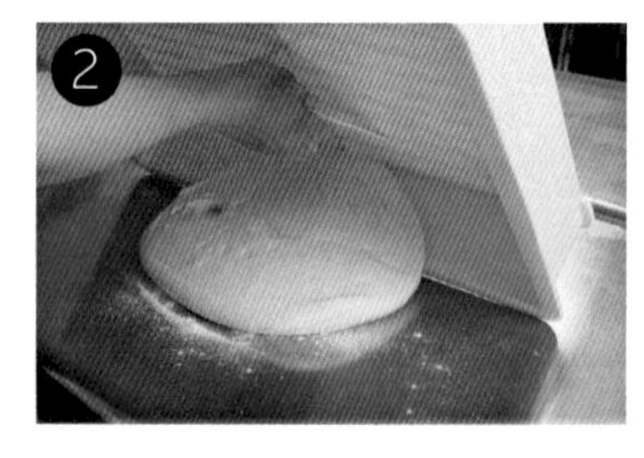

桌面灑上些許麵粉將麵糰翻面倒出置於桌面。（表面朝下，底部朝上）

再灑上些許麵粉在麵糰表面。

將麵糰置於桌面，雙手抓住麵糰邊緣拉直，拉至三分之一位置蓋上。

抓住另一邊拉直，拉至覆蓋住另一邊。

拉至如圖示位置。

壓拍打麵糰排出多餘大氣體。

抓著麵糰前方，往後方折疊，約三分之一的位置。

折疊如圖。

抓著麵糰前方，再往後折一次，與麵糰下方切齊。

與麵糰下方切齊。

將麵糰拿起，轉90度放好。

麵糰側面。

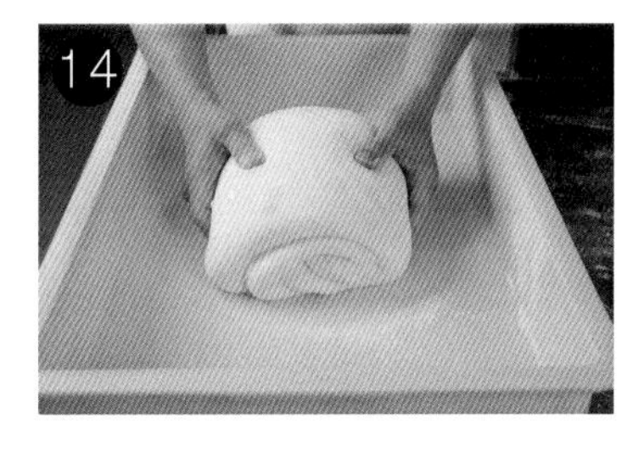

將麵糰放回塑膠盒中，進行中間發酵，發酵時間約30分。(溫度25℃，溼度75%)

注意 發酵注意事項：判斷方式為發酵至原本麵糰的2倍大左右即可，勿過度發酵。

註：刮缸前請先停止機器，以免受傷

STEP.3
分割與整型

分割與整型，是在製作過程中相當重要的技能
精準的分割能讓每個麵糰重量大小一致，也影響了最終成品的品相
整型的手法其實相當簡單，所謂熟能生巧，重覆不斷的練習可以讓你的成品賞心悅目

於麵糰表面灑上些許麵粉。

將麵糰翻面倒出置於桌面。

再灑上些許麵粉在麵糰表面。

將麵糰切出一長條狀。

抓取大約的麵糰切斷，並放上磅秤秤重是否合乎重量。

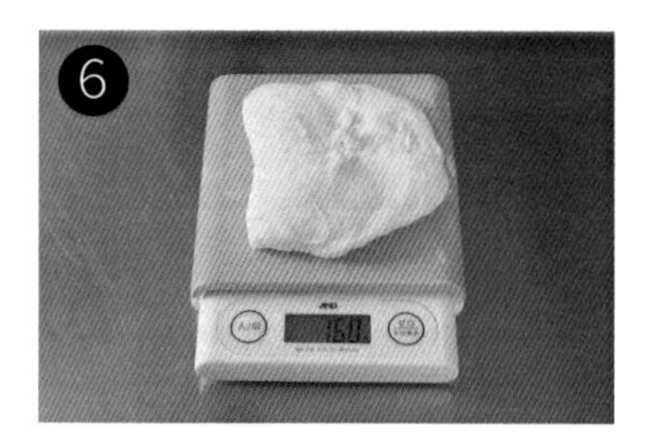

每個麵糰重量為160公克，多退少補。

將確認克數無誤的麵糰灑上些許手粉。

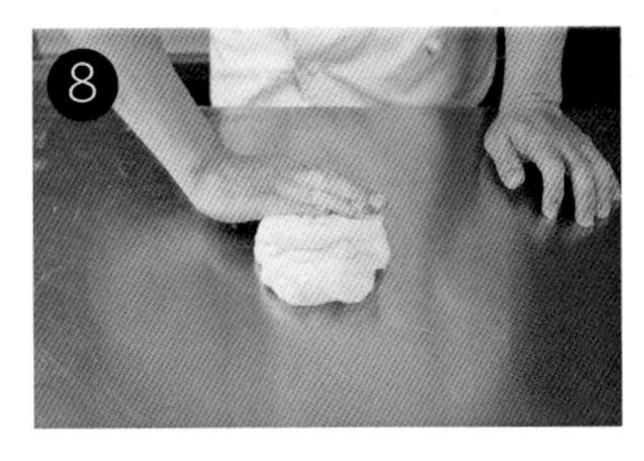

由後方將麵糰往前推捲。

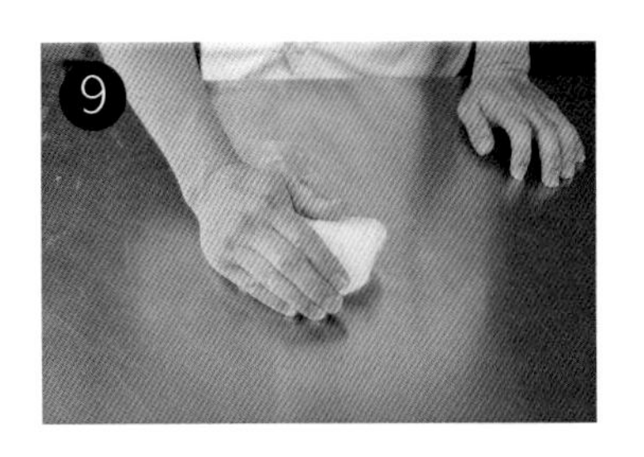

推捲至前方後，往右下後方收撥。

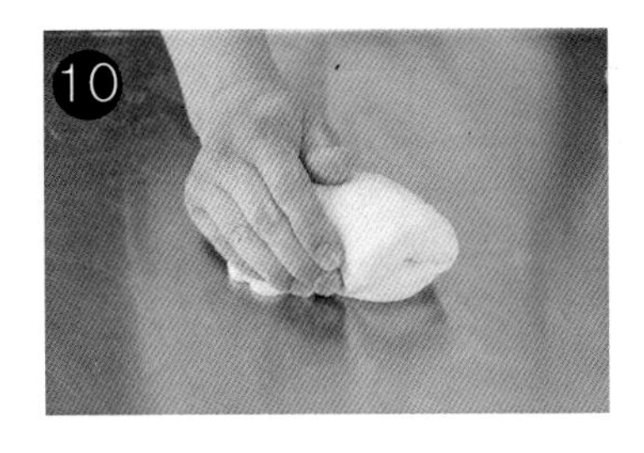

繼續往左上前方推的同時，往右下後方收撥，重覆滾圓動作。

重覆往右下後方收撥的動作約3～5次至麵糰呈圓形光滑即可。

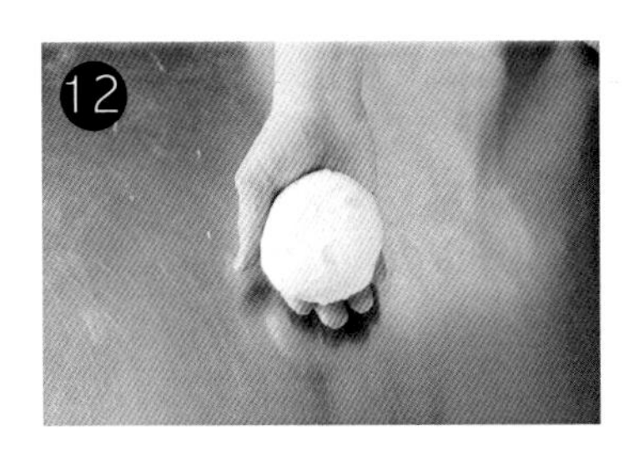

最後麵糰呈現的圓形光滑樣。

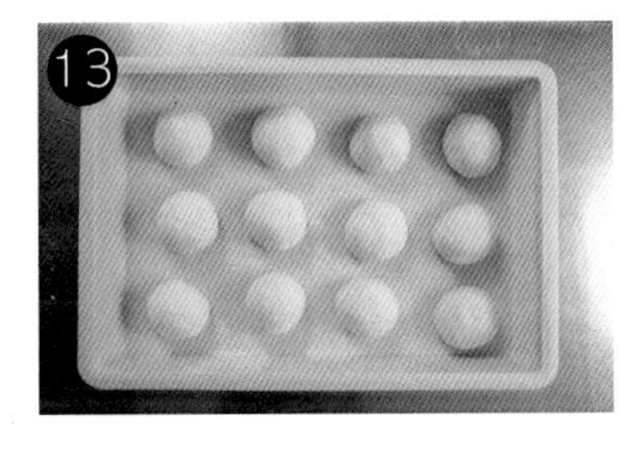

將所有麵糰重覆以上分割／整型動作，並放入塑膠盒，準備中間發酵。

放入發酵箱進行中間發酵，時間為20分。（溫度25℃溼度75%。）

注意 發酵注意事項：判斷方式為發酵至原本麵糰的2倍大左右即可，勿過度發酵。下圖為判斷方法－用手指插進麵糰中央，呈現凹陷狀態不會回縮即可進行二次整型。

註：刮缸前請先停止機器，以免受傷

STEP.4
二次整型

二次整型，也是最後一次整型。
將多餘的麵糰空氣排出，使用桿麵棍壓平，將麵糰整型成想要的作法，
在這個最後階段，可以用許多種不同的手法來捲、折、揉、搓，想做成什麼樣的吐司，取決於你。

於麵糰雙面沾上些許麵粉。

雙手持桿麵棍，從中間壓下到底。

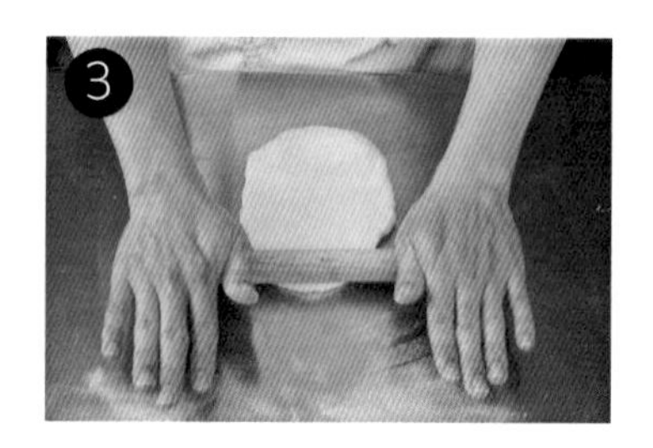

先往前捍開麵糰。

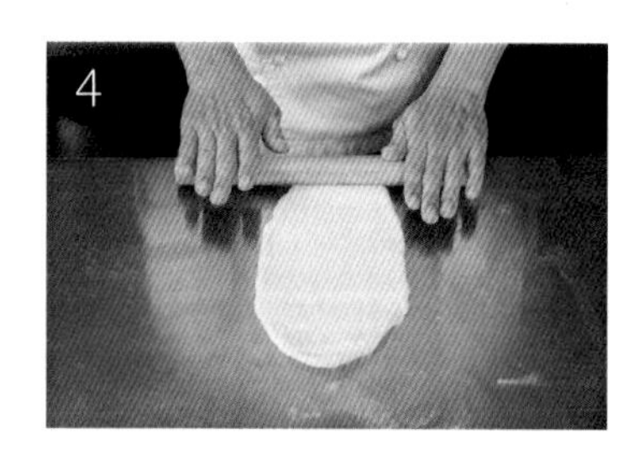

再往後將麵糰捍平。

雙手抓著麵糰前端兩角拉直，翻面置於桌上。

將靠近自身的麵糰兩角用力壓黏於桌上固定。

用手掌將靠近自身的麵糰壓黏於桌上固定。

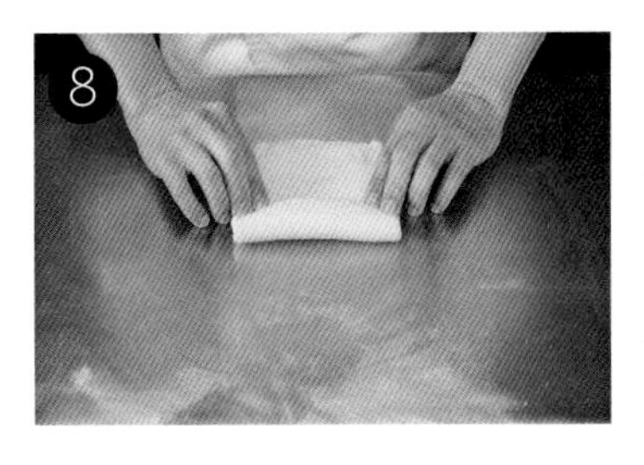

抓著麵糰拉直前端兩角，往自身方向捲起來。

持續捲成圓柱狀。

將麵糰捲成如圖。

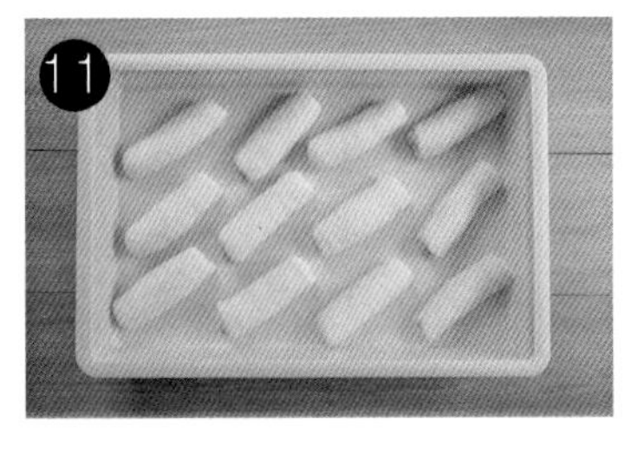

重覆以上動作，將所有麵糰捲好，放置於塑膠盒中。

接著準備最後整形步驟，灑點手粉，將麵糰置於桌面。

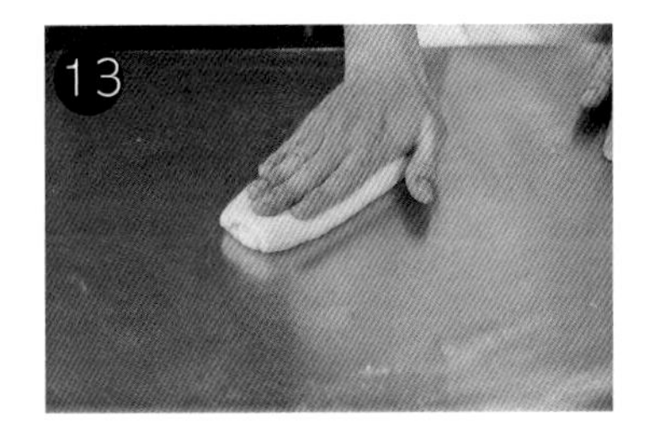

用手掌稍微壓平麵糰。

將桿麵棍從麵糰中間壓下，麵糰位置約為捍麵棍的2/3處。

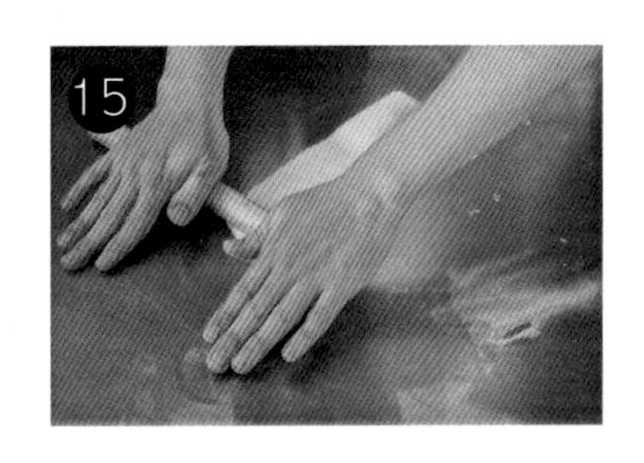

往前將麵糰捍平。

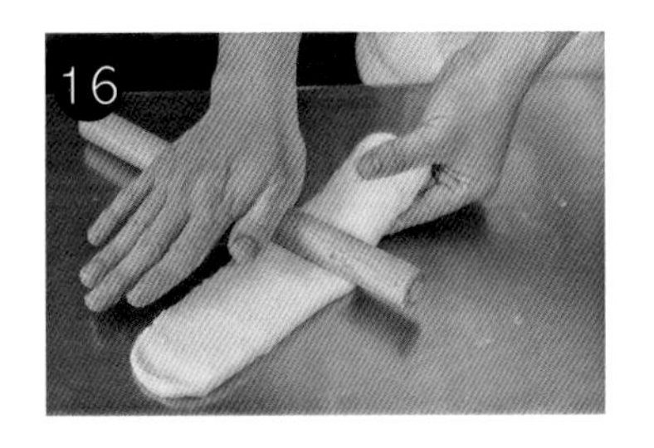

拉住麵糰後方，往後捍平麵糰。

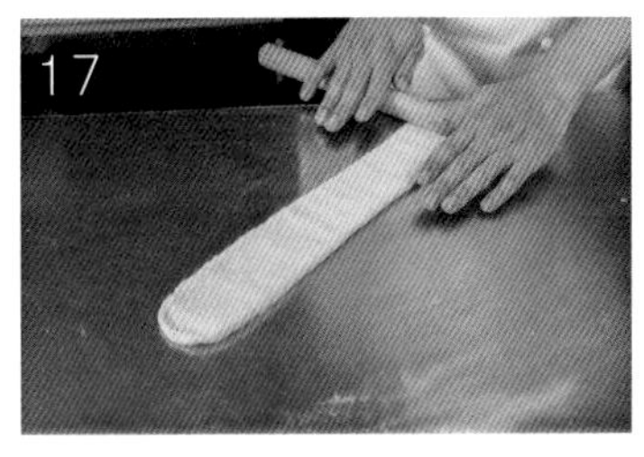

將麵糰後方捍平。

雙手拎起麵糰前方，翻面。

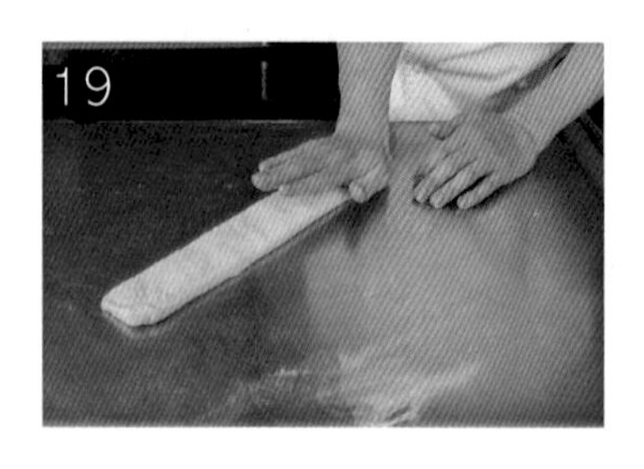

翻面後，將靠近自身處的麵糰壓黏於桌面上固定。

從麵糰前端往內壓捲。

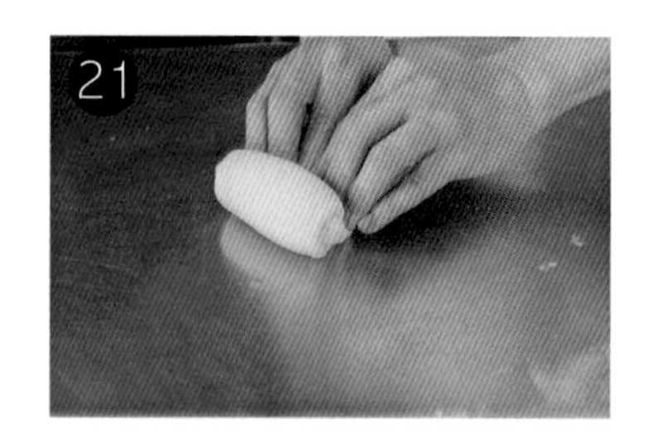

重覆壓捲的動作，直到捲完整個麵糰。

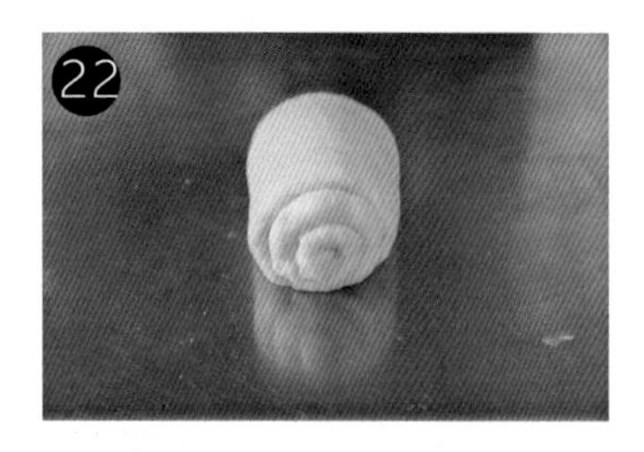

完成最後整形的麵糰。

重覆以上動作，將所有麵糰捲好，以三個為一組的方式排好。（需同方向排列）

將完成整型的麵糰放進吐司模中，放入發酵箱中（溫度33℃,溼度85%）做最後發酵（約60~70分）。

發酵至模具八分滿，即可蓋上蓋子，進烤箱烤焙。烤至表面呈金黃色即可出爐，倒扣後放涼。

用心，才會看見。

中種吐司

藉著冷藏中種熟成的作用將小麥的甜味帶出，與簡樸風味的吐司相較之下，的確是氣味特殊引人入勝。

TIPS！

麵糰溫度.....23~25℃
基本發酵..........30P30
分割...........240gX2/條
中間發酵..............20分
最後發酵.......60~70分

★ 可製作12兩吐司模3條

材料（中種）	百分比(%)	公克(g)
昭和霓虹吐司粉	50	400
水	35	280
新鮮酵母	0.5	4

材料（本捏）	百分比(%)	公克(g)
昭和霓虹吐司粉	50	400
細砂糖	6	48
鹽	2	16
奶粉	3	24
優酪乳(無糖)	5	40
鮮奶	10	80
水	24	192
新鮮酵母	2.5	20
無鹽奶油	6	48
合計	194	1552

何謂中種

又稱為「海綿法」，配方中材料分成「中種麵糰」與「主麵糰」兩部分;第一次攪拌時，取總配方中總麵粉量30-100%的麵粉，和中種麵糰麵粉量60-80%的水(或其它液態材料)及微量或適量的酵母先攪拌均勻成糰，其表面稍粗糙勿需有強韌麵筋而使其發酵，稱為「中種麵糰」。第二次攪拌，再將發酵完成的麵糰放進攪拌缸中，與配方中之麵粉、水、糖 、鹽 、奶粉或酵母、油脂等一起攪拌至麵筋充分擴展。此第二次攪拌的麵糰則叫「主麵糰」。

優點

- 延緩麵包老化
- 中種發酵時間較長，產生的酸味和風味較足
- 麵糰膨脹力強，成品體積較大
- 內部組織柔軟細緻，發酵時間可減短

缺點

- 多一次攪拌程序，製程時間拉長
- 需要放置中種的冷藏設備及空間

預爐溫度	烤溫	時間
上火250℃ 下火260℃	上火240℃ 下火250℃	30~33分

作法 [STEP.1]

依序將中種、麵粉、砂糖、塩、奶粉、優酪乳、牛奶、水倒入攪拌缸中。

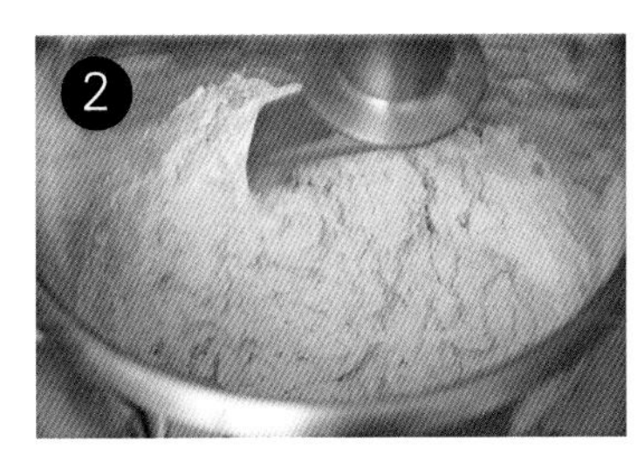

用低速攪拌將材料拌勻。

拌至麵糰呈現無粉末狀態時停止機器，將攪拌勾上的麵糰刮下來。

註：刮缸前請先停止機器，以免受傷

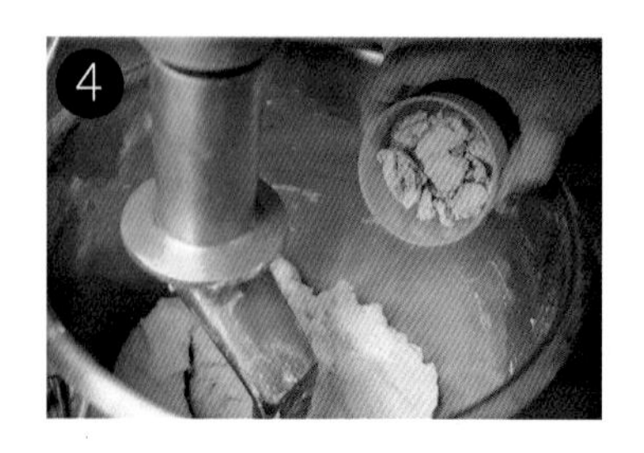

加入酵母。

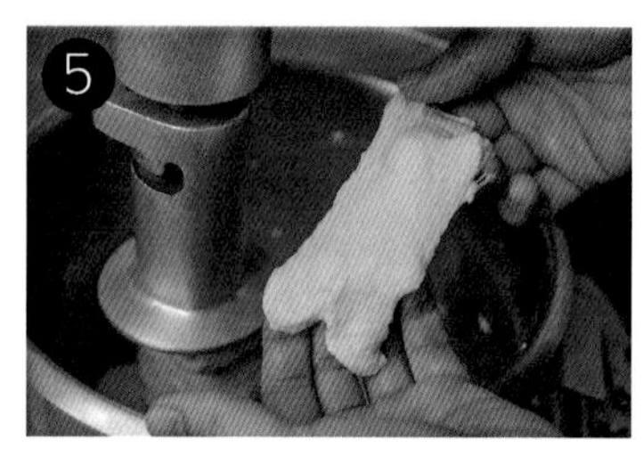

拌至麵糰有產生麵筋，進而轉中速攪拌。

拌至麵糰呈現表面光滑狀態時停止機器，取一小塊麵糰拉薄膜查看是否到達所需狀態。

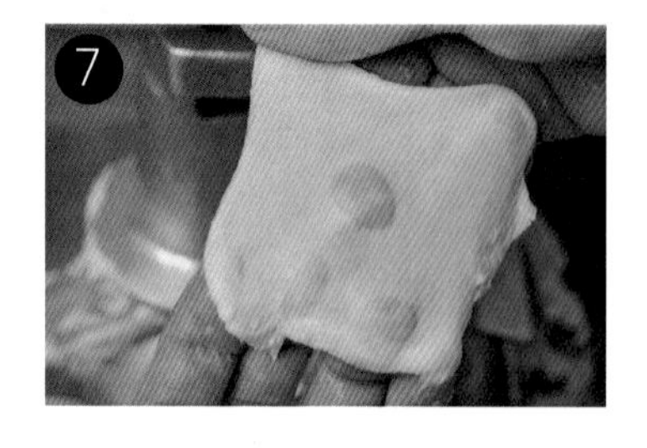

1.盡可能拉開麵糰，若能透過麵糰薄膜看見手指紋路即可進行下一步驟。

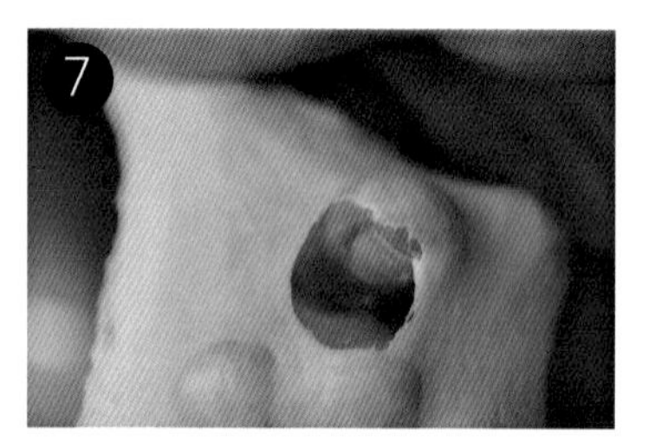

2.撕開的部份會呈現鋸齒狀這也是另一個判斷方法。

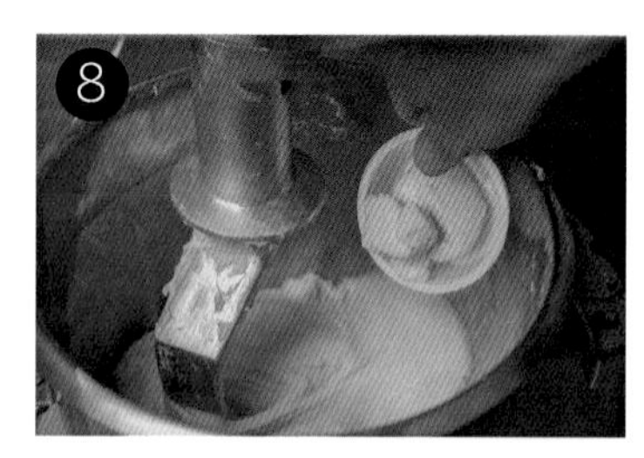

加入奶油，以慢速繼續攪打至均勻後再轉中速繼續打。

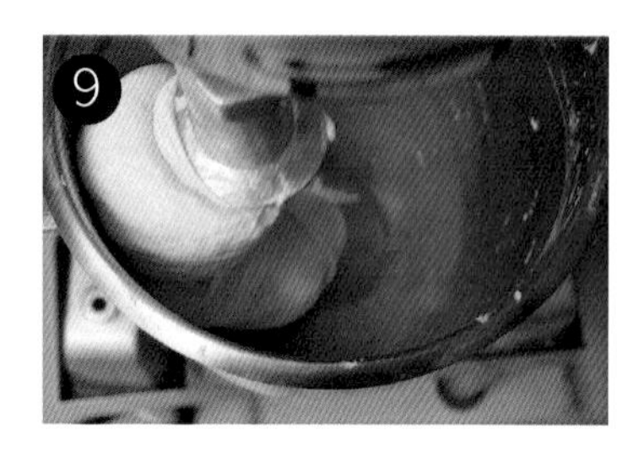

中速攪打至麵糰離缸狀態，取一小塊拉薄檢視薄膜是否到達理想狀態。

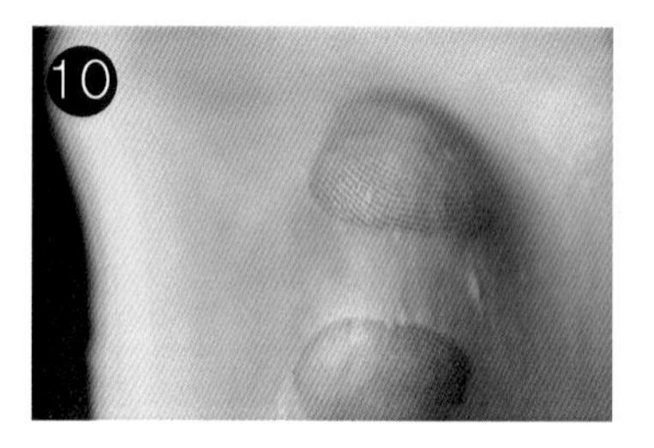

1.透過麵糰薄膜可看見指紋，此為最理想之狀態。

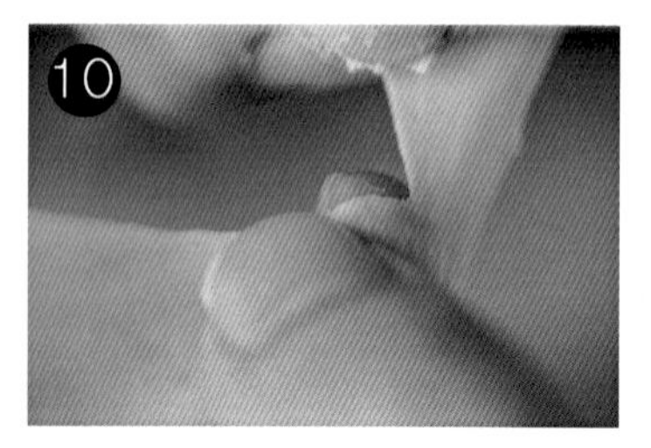

2.撕開薄膜呈現鋸齒狀，此為另一判斷方式。亦可拉甩麵筋感受膨脹彈性及延展性。

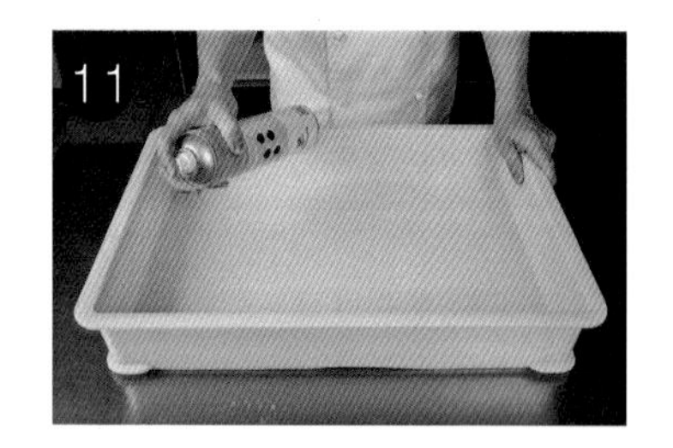

準備第一次整型，取一塑膠盒，噴上烤盤油。

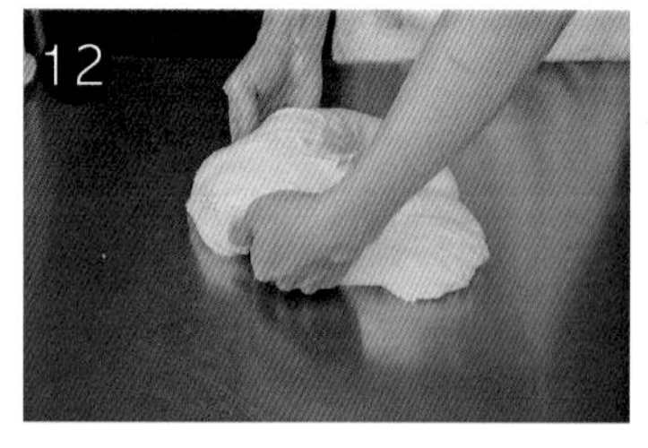

麵糰置於桌面，依圖用雙手拿起麵糰。

將麵糰轉正，再放置於桌上。

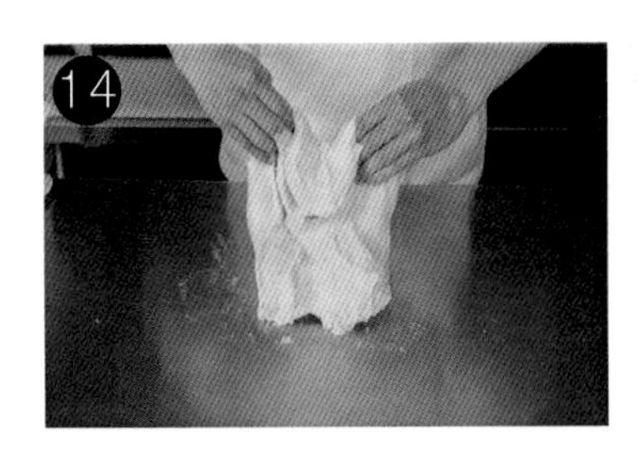

用雙手將靠近自己方向的麵糰2個角拎起，往前覆蓋前方麵糰。

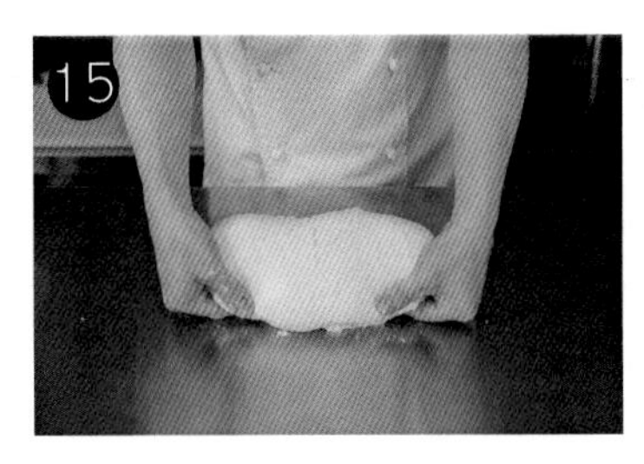

覆蓋前方麵糰後往麵糰下方收尾。再重覆步驟12~15約2次，麵糰會變得光滑。

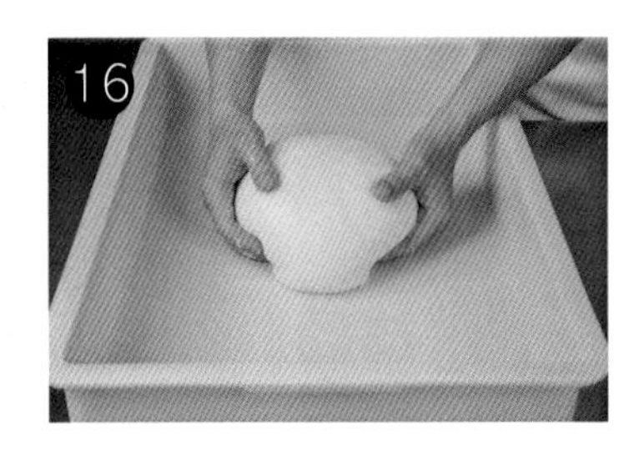

將整好的麵糰放入塑膠盒內。

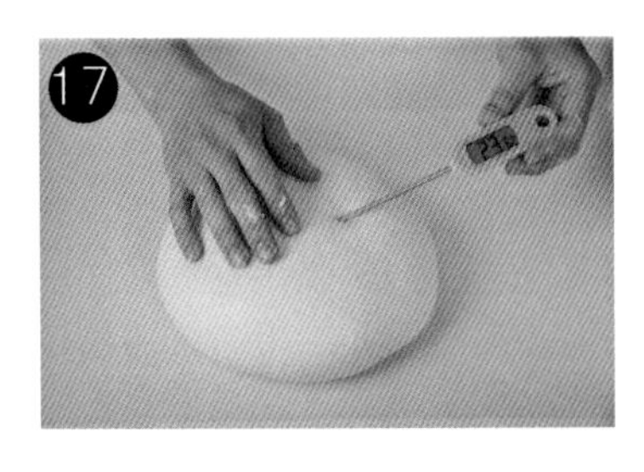

測量麵糰溫度，此時應為23~25度之間。

18

將裝著麵糰的塑膠盒置室溫或發酵箱(溫度25℃,溼度75%），做基本發酵，時間約30分。

STEP.2
翻麵與整型

請參考直接法吐司的「翻麵與整型」。
詳見P.37~P.38

註：刮缸前請先停止機器，以免受傷

STEP.3
分割與整型

利用排氣動作將多餘的氣泡排出，
讓麵糰重新產氣，重整及增強麵筋達到良好膨脹力形成所需的氣孔
而在整型階段，用排氣來達到需要的組織，可以用許多種不同的手法來捲、折、揉、搓。
想呈現什麼樣的麵包質地及風味，取決於你

於麵糰表面灑上些許麵粉。

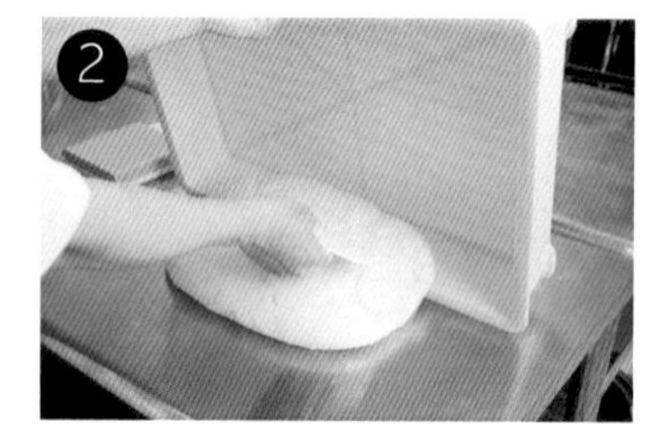

將麵糰翻面倒出置於桌面。

再灑上些許麵粉在麵糰表面。

將麵糰切出一長條狀。

抓取大約的麵糰切斷，並放上磅秤秤重是否合乎重量。

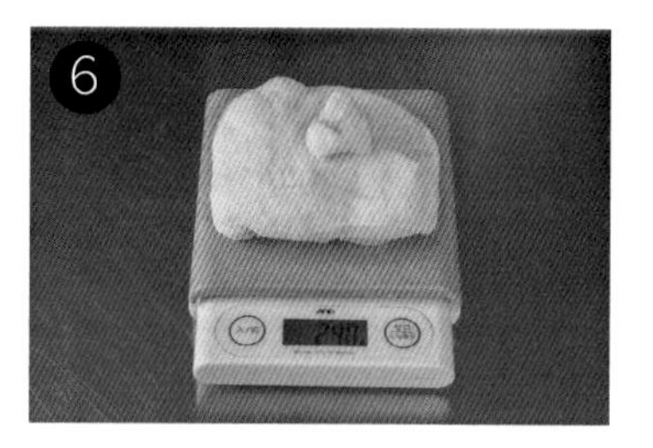

每個麵糰重量為240公克，多退少補。

將確認克數無誤的麵糰灑上些許手粉。（此時表面依舊朝下。

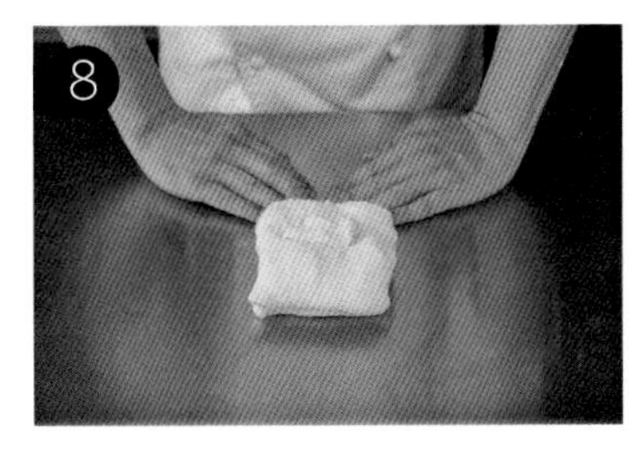

麵糰放置於桌面，由後方將麵糰往前推捲。

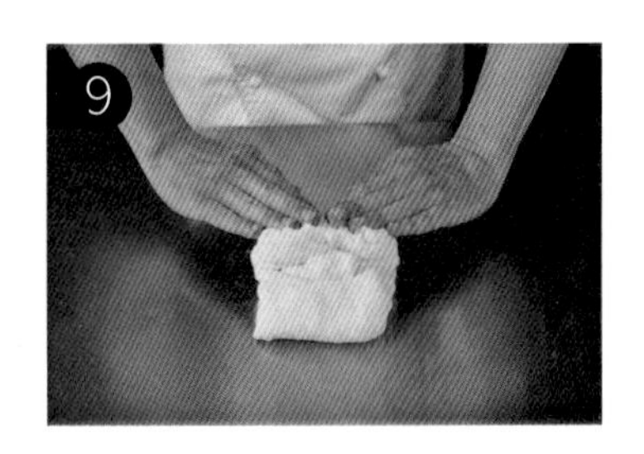

繼續推捲至最前方。

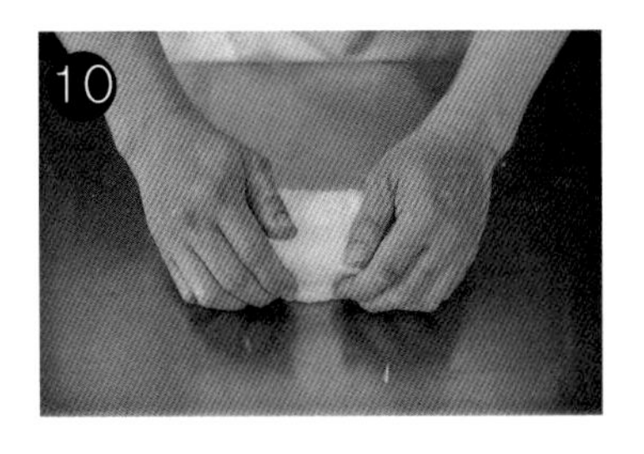

推至最前方時，往下收尾。（表面朝上）

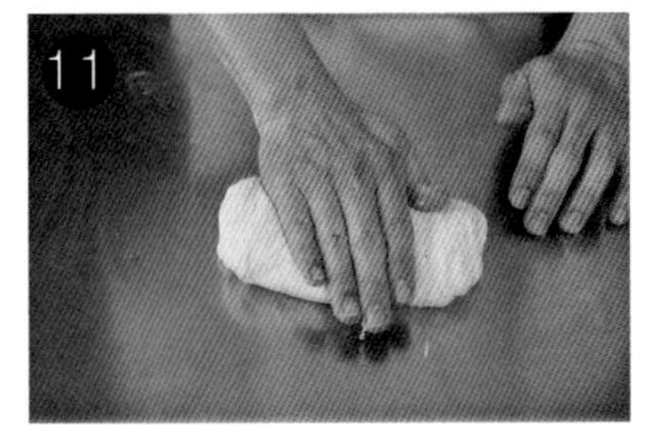

將麵糰拍平。

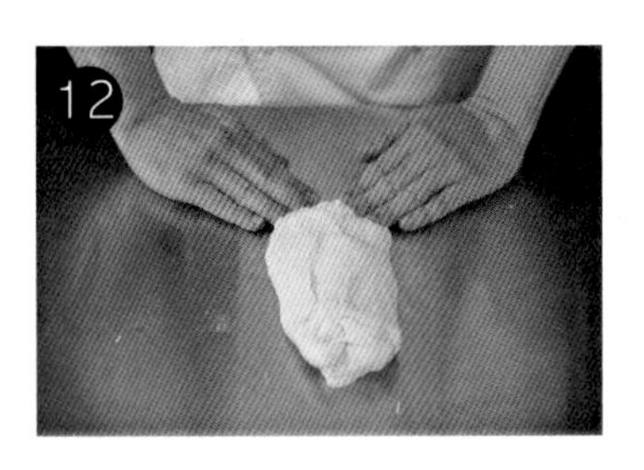

將麵糰轉90度，將靠近自身部份的麵糰底部按壓黏在桌面。（表面朝下）

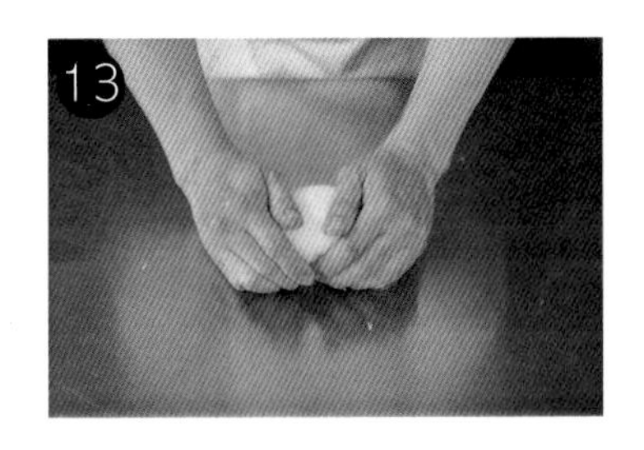

由麵糰前方往後捲到底。（表面朝上）

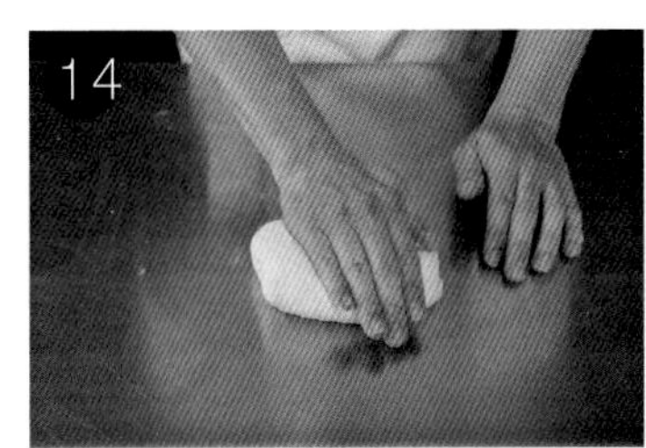

將麵糰稍微拍平。

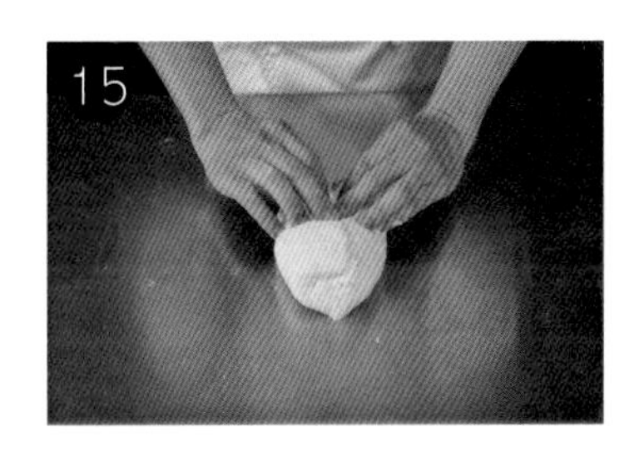

將麵糰轉90度，將靠近自身部份的麵糰底部按壓黏在桌面。（表面朝下）

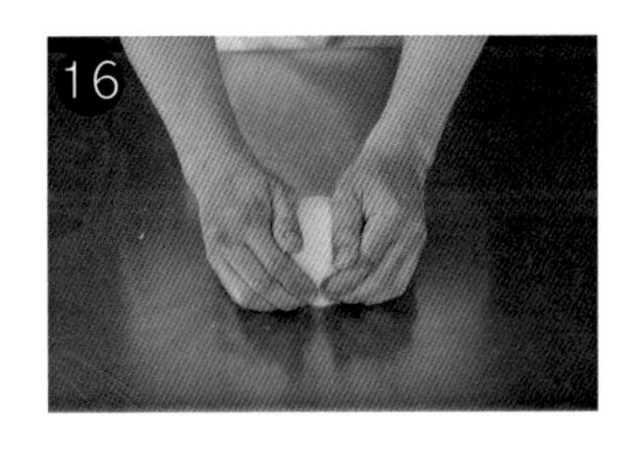

由麵糰前方往後捲到底，並收圓。（表面朝上）

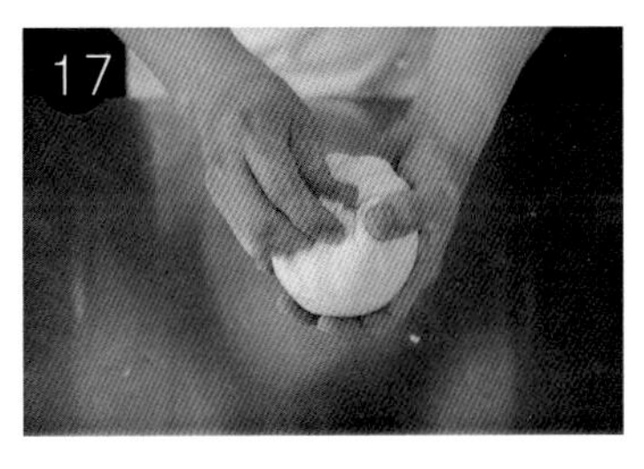

將麵糰底部由外往內捏收口。

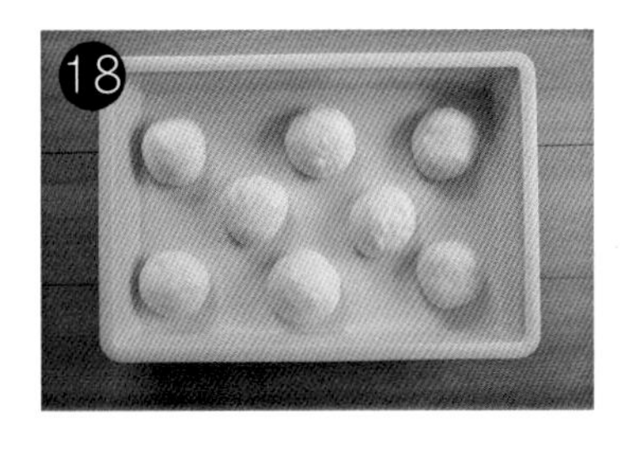

將麵糰切割整型至圓形，放入塑膠盒中置室溫或發酵箱（溫度25℃溼度75%）進行中間發酵20分。

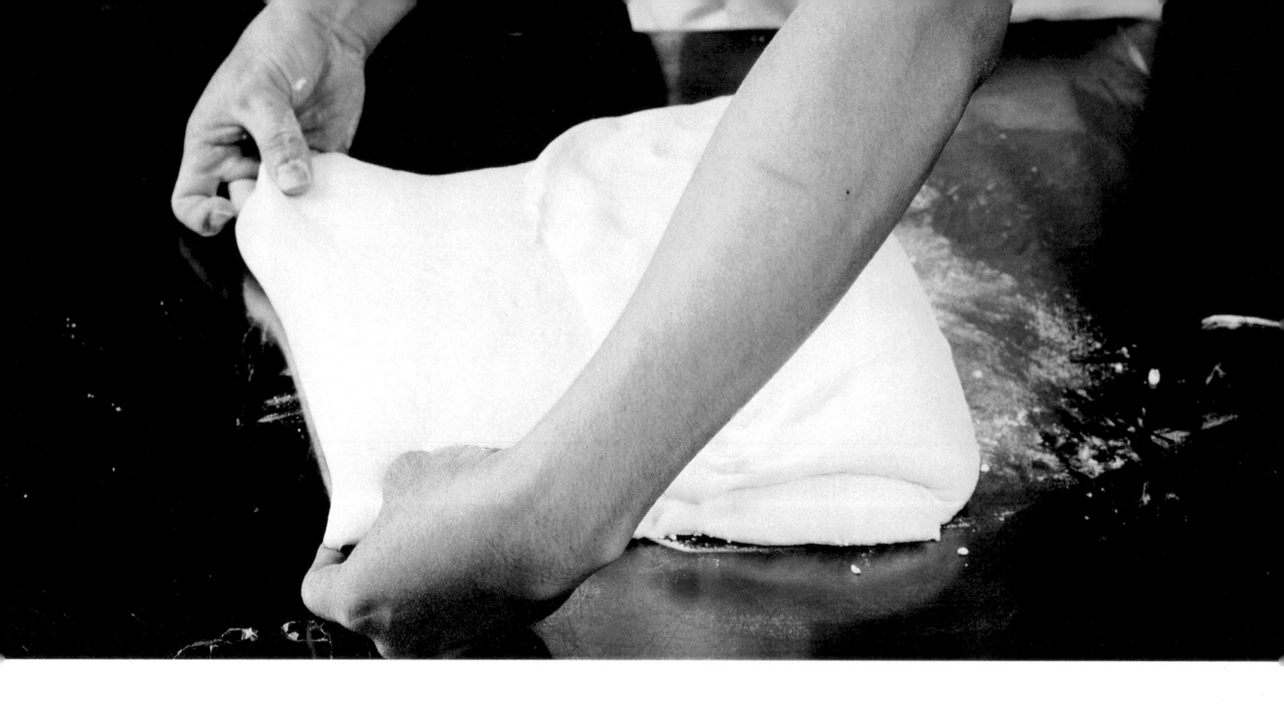

STEP.4
二次整型

二次整型，也是最後一次整型。
將多餘的麵糰空氣排出，使用桿麵棍壓平，將麵糰整型成想要的作法，
在這個最後階段，可以用許多種不同的手法來捲、折、揉、搓，想做成什麼樣的吐司，取決於你。

於麵糰雙面沾上些許麵粉。

雙手持桿麵棍，從中間壓下到底。

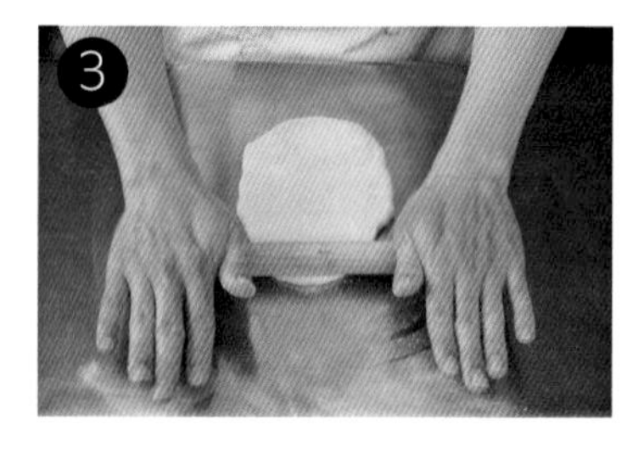

先往前捍開麵糰。

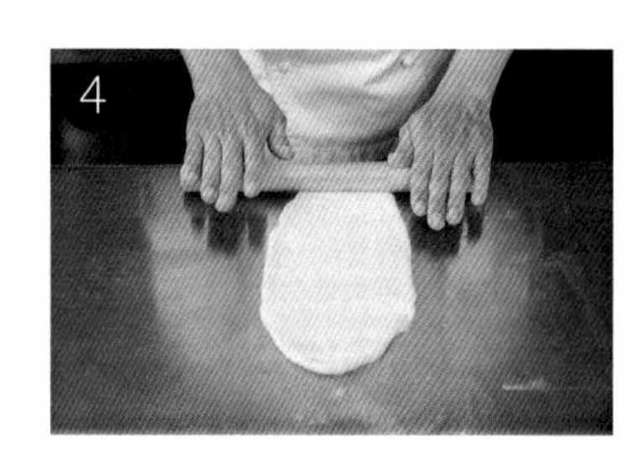

再往後將麵糰捍平。

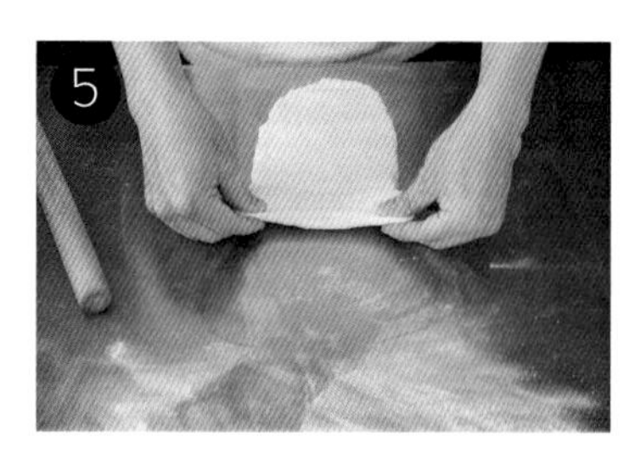

雙手抓著麵糰前端兩角拉直，翻面置於桌上。

將靠近自身的麵糰兩角用力壓黏於桌上固定。

用手掌將靠近自身的麵糰壓黏於桌上固定。

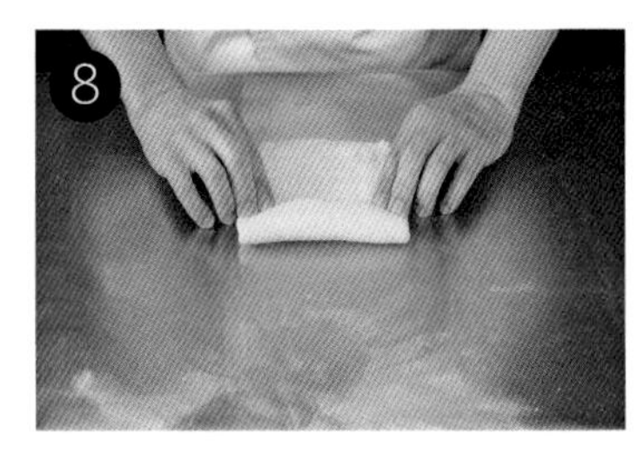

抓著麵糰拉直前端兩角，往自身方向捲起來。

持續捲成圓柱狀。

將麵糰捲成如圖。

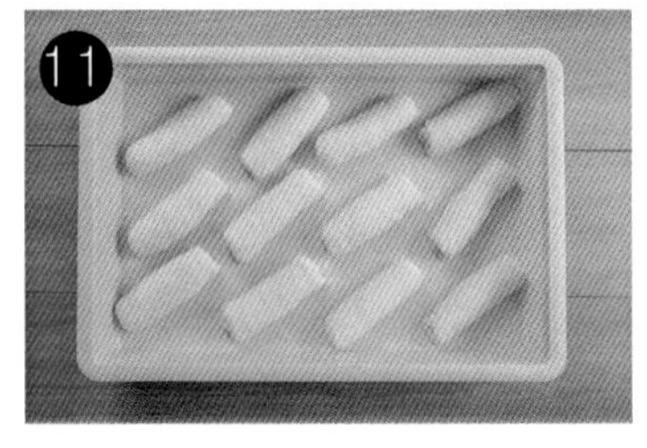

重覆以上動作，將所有麵糰捲好，放置於塑膠盒中。

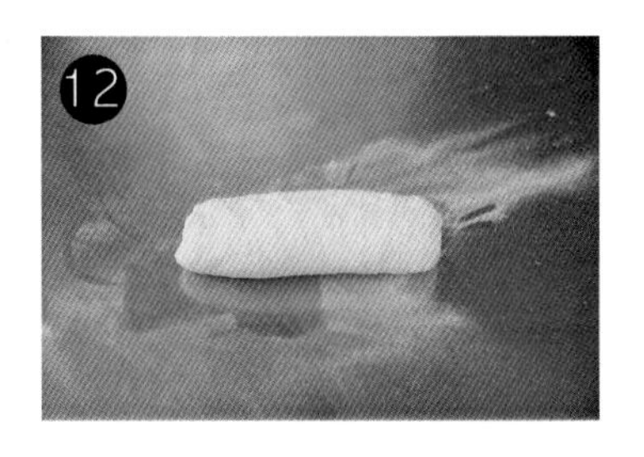

接著準備最後整形步驟，灑點手粉，將麵糰置於桌面。

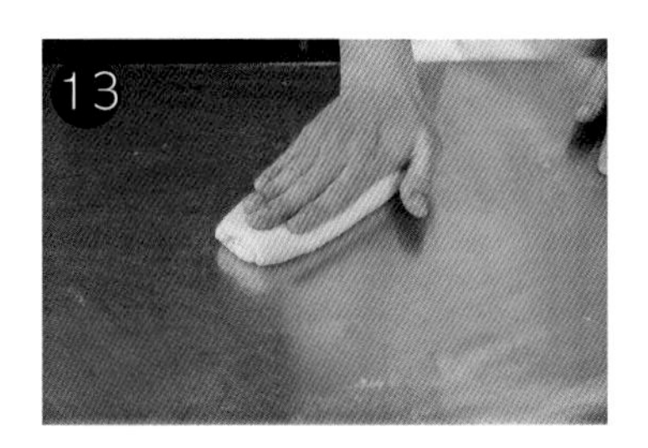

用手掌稍微壓平麵糰。

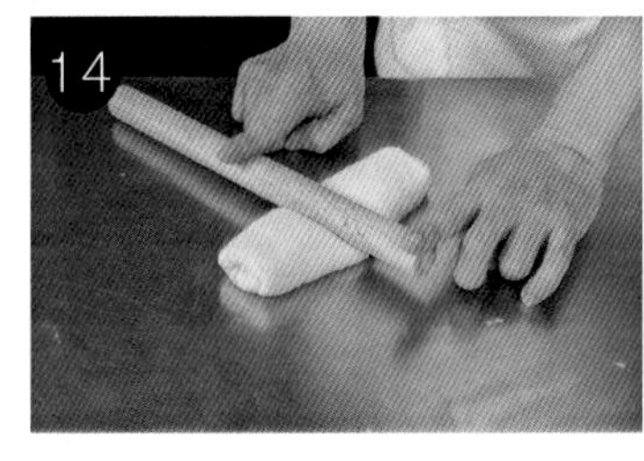

將桿麵棍從麵糰中間壓下，麵糰位置約為捍麵棍的2/3處。

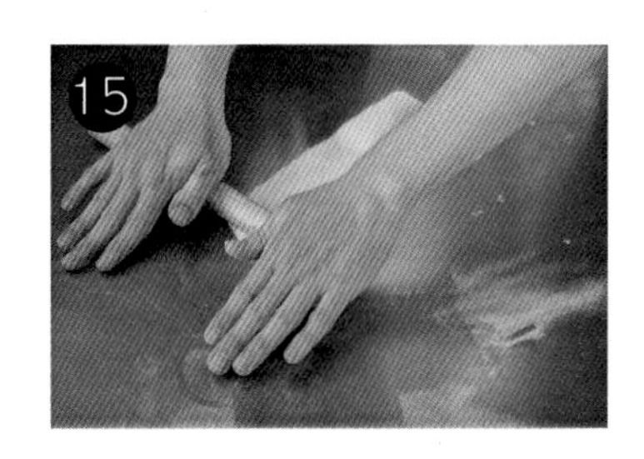

往前將麵糰捍平。

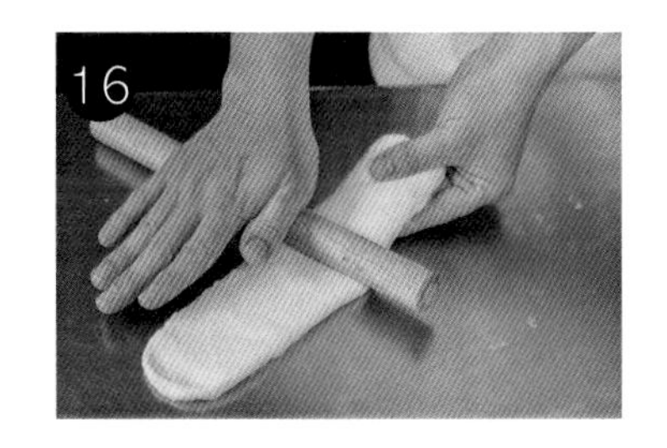

拉住麵糰後方，往後捍平麵糰。

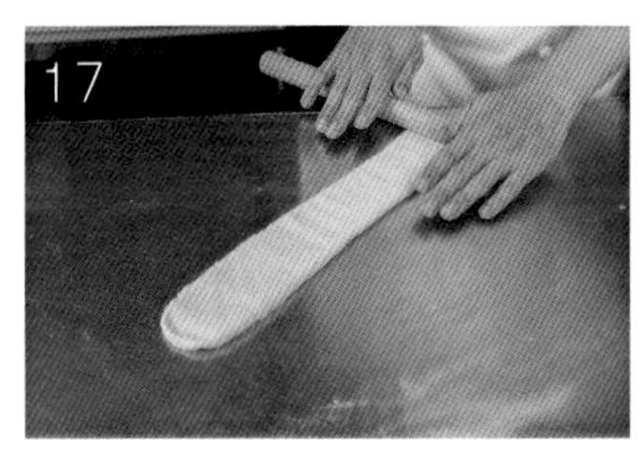

將麵糰後方捍平。

雙手拎起麵糰前方，翻面。

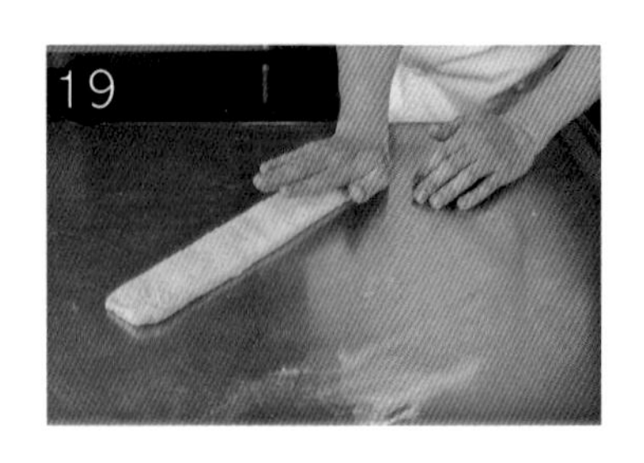

翻面後，將靠近自身處的麵糰壓黏於桌面上固定。

從麵糰前端往內壓捲。

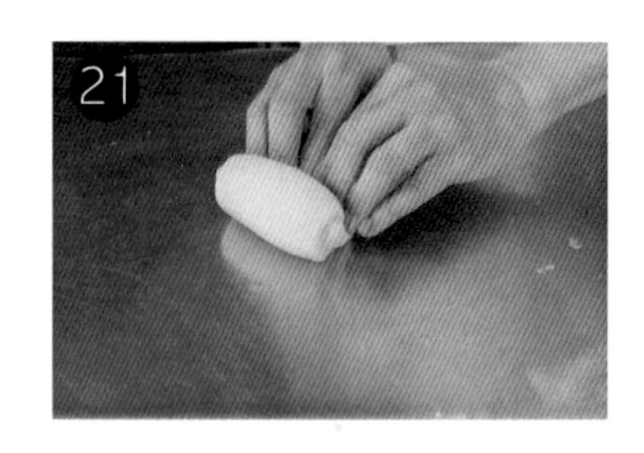

重覆壓捲的動作，直到捲完整個麵糰。

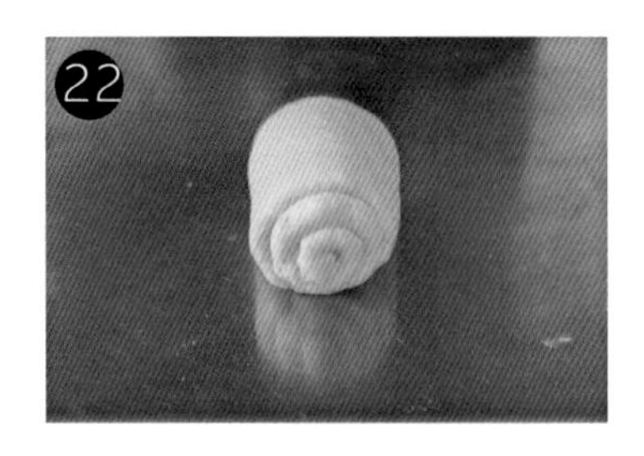

完成最後整形的麵糰。

將完成整型的麵糰二個為一組放進吐司模中，放入發酵箱中（溫度33℃,溼度85%）做最後發酵（約60~70分）。

24

烘烤至金黃色後即可出爐，脫模放涼。

FUN

液種吐司

藉由液種一夜低溫靜置，待麵粉的風味完全融合，引領出濕潤口感和麥麩獨特的香氣魅力。

TIPS！

麵糰溫度 .....23~25℃
基本發酵..........30P30
分割............160gX3/條
中間發酵..............20分
最後發酵.......60~70分

★ 可製作12兩吐司模3條

材料（液種）	百分比(%)	公克(g)
昭和霓虹吐司粉	50	400
水	50	400
新鮮酵母	0.5	4

材料（本捏）	百分比(%)	公克(g)
昭和霓虹吐司粉	50	400
細砂糖	6	48
鹽	2	16
奶粉	3	24
優酪乳(無糖)	5	40
鮮奶	10	80
水	9	72
新鮮酵母	2.5	20
無鹽奶油	6	48
合計	194	1552

何謂液種

在日本稱之為也稱「水種法」，將全部總量的麵粉取(30-50%)和水以(1:1)配方並加入酵母(或鹽、糖、酸價緩衝劑，如碳酸鈣或脱脂奶粉)混拌成糊狀麵糰。麵糊溫度在23-25℃，經由12-24小時內低温發酵熟成，可以呈現出發酵生成物或材料最原始的風味。

優點

- 液種製作較中種簡單。
- 麵包口感保濕度佳，且能延緩麵包老化。
- 低温長時間發酵熟成，充分呈現出發酵生成物的風味。
- 麵包有飽滿的體積。

缺點

- 多一次攪拌程序，製程時間拉長。
- 麵包體積膨大，使味道顯得清淡。

預爐溫度	烤溫	時間
上火250℃ 下火260℃	上火240℃ 下火250℃	30~33分

作法 [STEP.1]

1 依序將液種、麵粉、砂糖、塩、奶粉、優酪乳、牛奶、水倒入攪拌缸中。

2 用低速攪拌將材料拌勻。

3 拌至麵糰呈現無粉末狀態時停止機器，將攪拌勾上的麵糰刮下來。

註：刮缸前請先停止機器，以免受傷

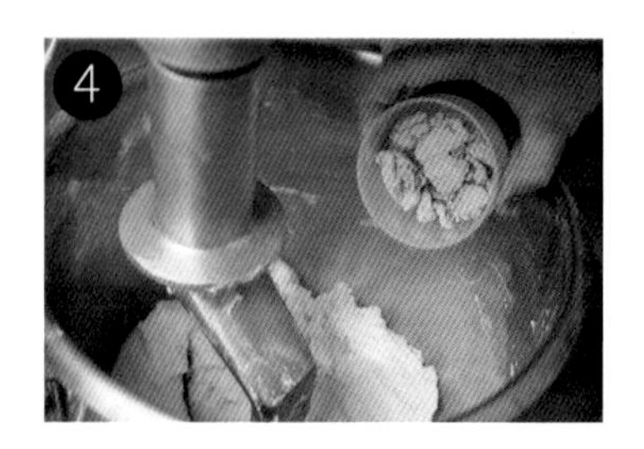

加入酵母。

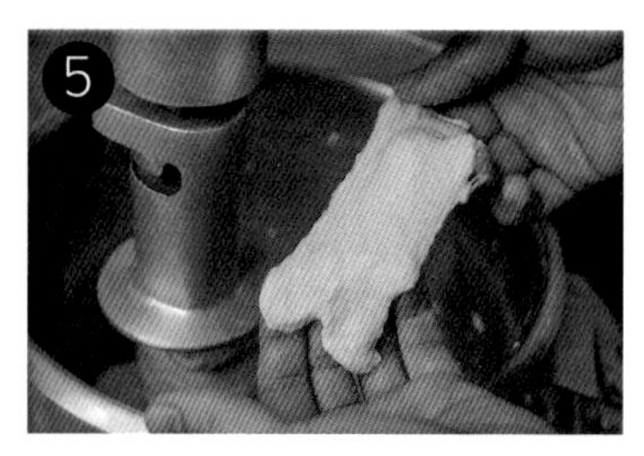

拌至麵糰有產生麵筋，進而轉中速攪拌。

拌至麵糰呈現表面光滑狀態時停止機器，取一小塊麵糰拉薄膜查看是否到達所需狀態。

1.盡可能拉開麵糰，若能透過麵糰薄膜看見手指紋路即可進行下一步驟。

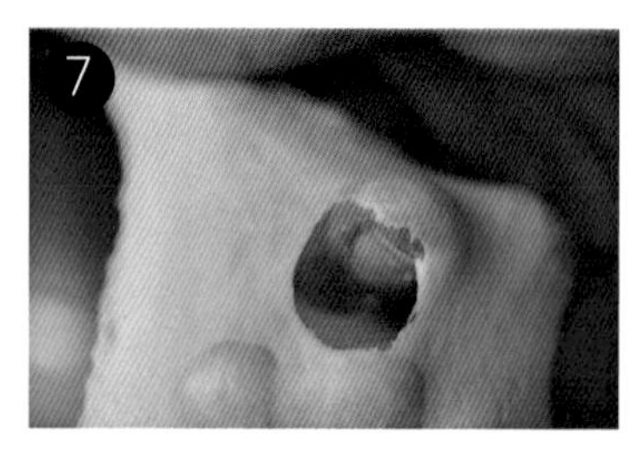

2.撕開的部份會呈現鋸齒狀這也是另一個判斷方法。

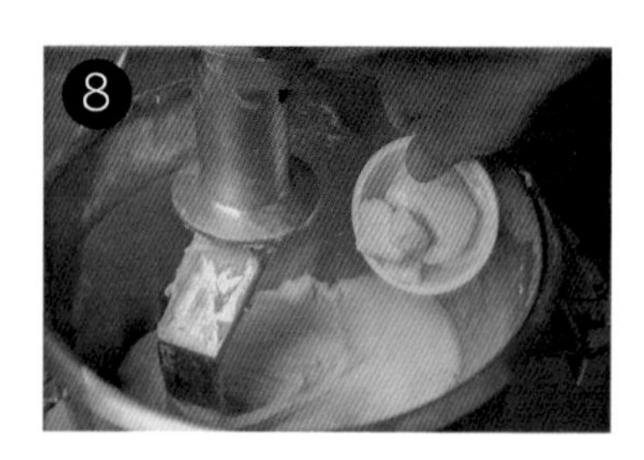

加入奶油，以慢速繼續攪打至均勻後再轉中速繼續打。

中速攪打至麵糰離缸狀態，取一小塊拉薄檢視薄膜是否到達理想狀態。

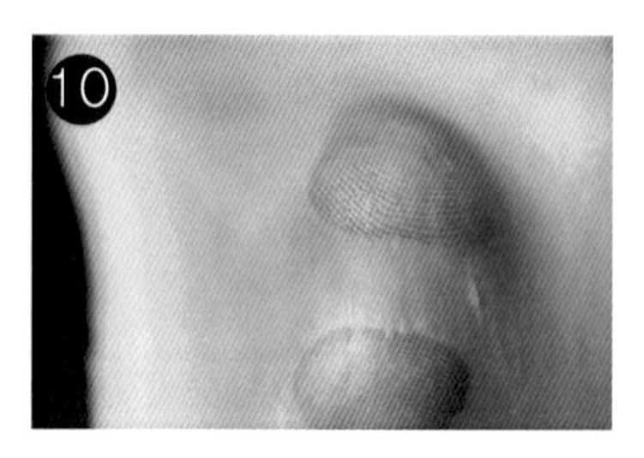

1.透過麵糰薄膜可看見指紋，此為最理想之狀態。

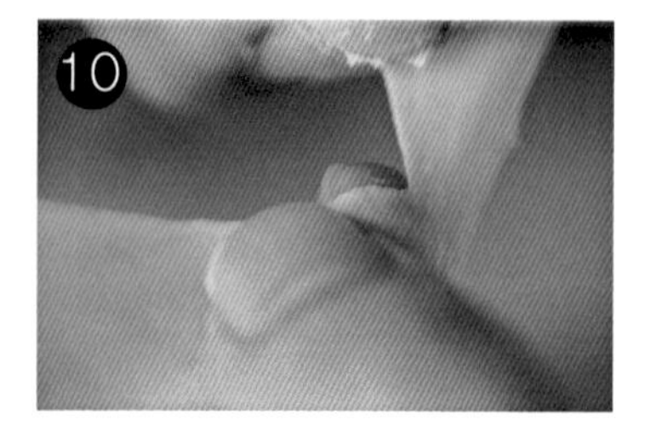

2.撕開薄膜呈現鋸齒狀，此為另一判斷方式。亦可拉甩麵筋感受膨脹彈性及延展性。

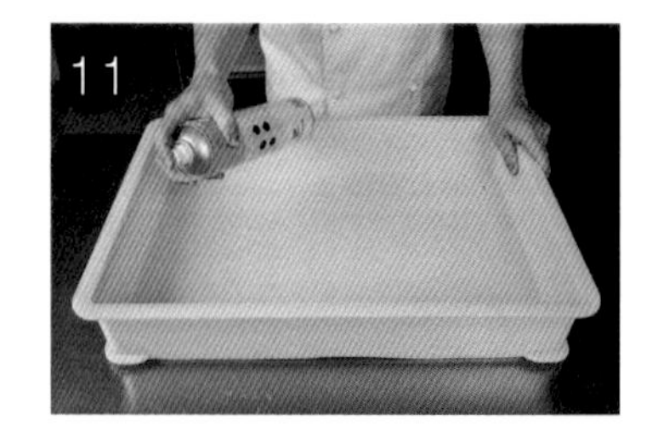

準備第一次整型，取一塑膠盒，噴上烤盤油。

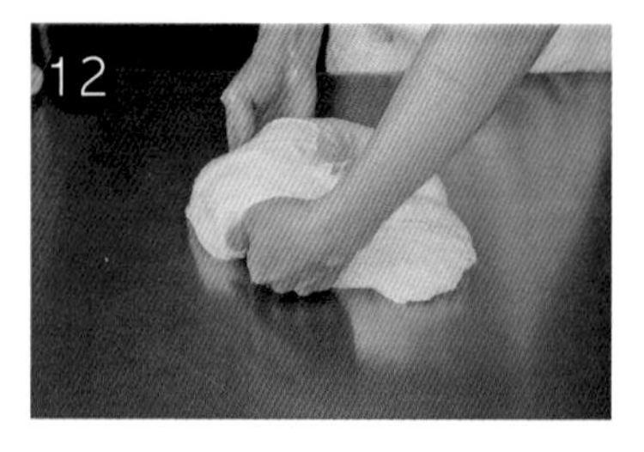

麵糰置於桌面，依圖用雙手拿起麵糰。

將麵糰轉正，再放置於桌上。

用雙手將靠近自己方向的麵糰2個角拎起，往前覆蓋前方麵糰。

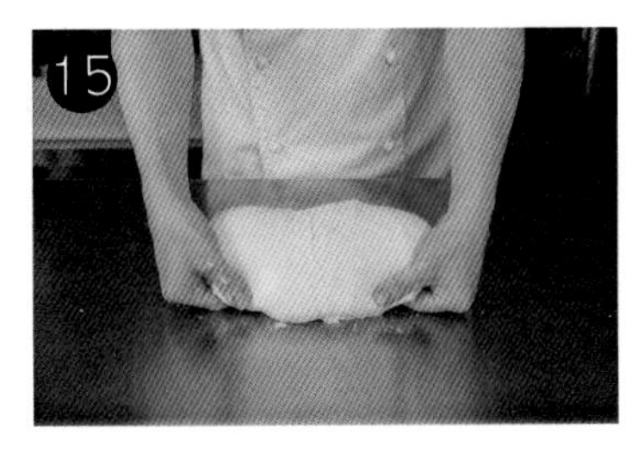

覆蓋前方麵糰後往麵糰下方收尾。再重覆步驟12~15約2次，麵糰會變得光滑。

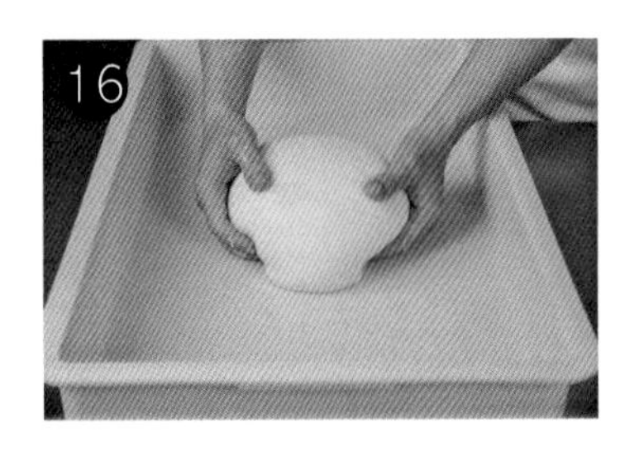

將整好的麵糰放入塑膠盒內。

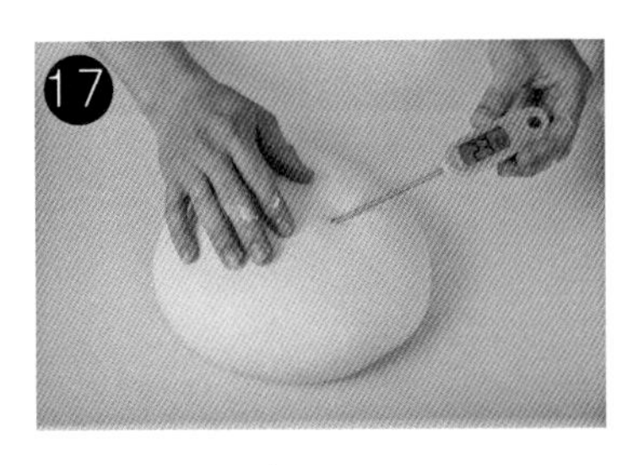

測量麵糰溫度，此時應為23~25度之間。

18

將裝著麵糰的塑膠盒置室溫或發酵箱(溫度25℃,溼度75%)，做基本發酵，時間約30分。

STEP.2
翻麵與整型

請參考直接法吐司的「翻麵與整型」。
詳見P.37~P.38

註：刮缸前請先停止機器，以免受傷

STEP.3
分割與整型

分割與整型，是在製作過程中相當重要的技能
精準的分割能讓每個麵糰重量大小一致，也影響了最終成品的品相
整型的手法其實相當簡單，所謂熟能生巧，重覆不斷的練習可以讓你的成品賞心悅目

於麵糰表面灑上些許麵粉。

將麵糰翻面倒出置於桌面。

再灑上些許麵粉在麵糰表面。

將麵糰切出一長條狀。

抓取大約的麵糰切斷，並放上磅秤秤重是否合乎重量。

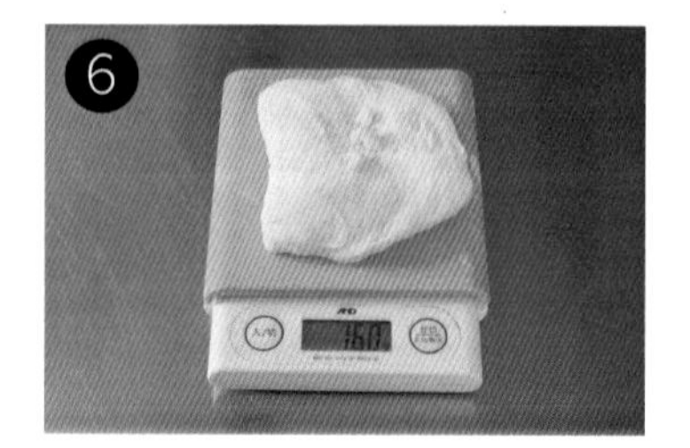

每個麵糰重量為160公克，多退少補。

將確認克數無誤的麵糰灑上些許手粉。

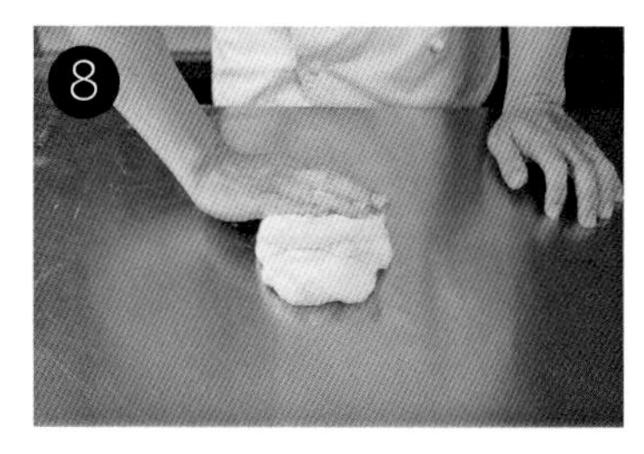

由後方將麵糰往前推捲。

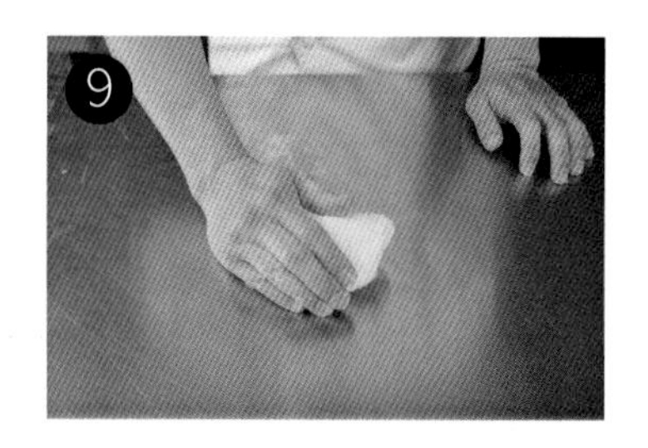

推捲至前方後，往左上前方推的同時，往右下後方收撥。

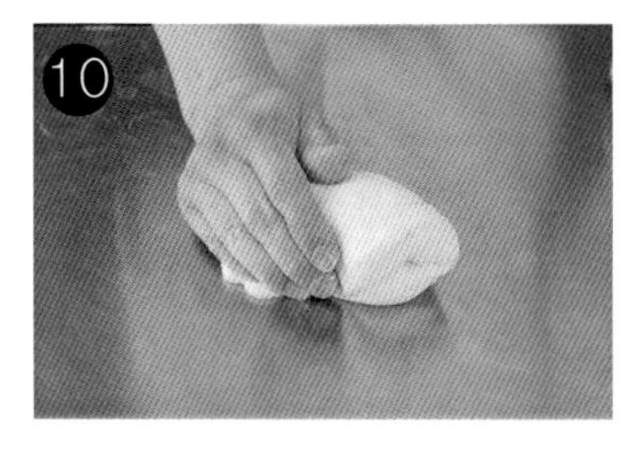

繼續往左上前方推的同時，往右下後方收撥，重覆滾圓動作。

最後重覆往右下後方收撥的動作約3～次收底部至麵糰呈圓形光滑即可。

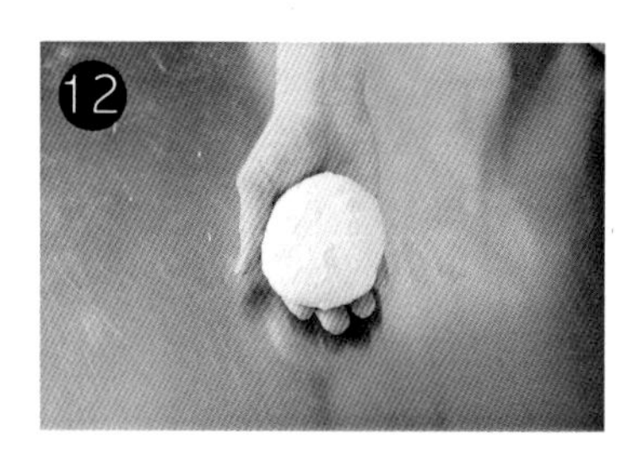

最後麵糰呈現的圓形光滑樣。

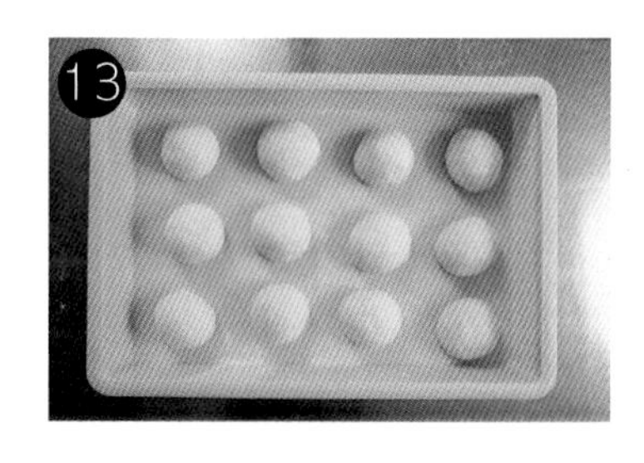

將所有麵糰重覆以上分割／整型動作，並放入塑膠盒，置室温或發酵箱(温度25℃，溼度75%）做中間發酵，時間約20分。

注意 發酵注意事項：判斷方式為發酵至原本麵糰的2倍大左右即可，勿過度發酵。
下圖為判斷方法－用手指插進麵糰中央，呈現凹陷狀態不會回縮，表示鬆馳OK，即可進行二次整形。

註：刮缸前請先停止機器，以免受傷

STEP.4
二次整型

二次整型，也是最後一次整型。
將多餘的麵糰空氣排出，使用桿麵棍壓平，將麵糰整型成想要的作法，
在這個最後階段，可以用許多種不同的手法來捲、折、揉，想做成什麼樣的吐司，取決於你。

於麵糰雙面灑上些許麵粉。

雙手持桿麵棍，從中間壓下到底。

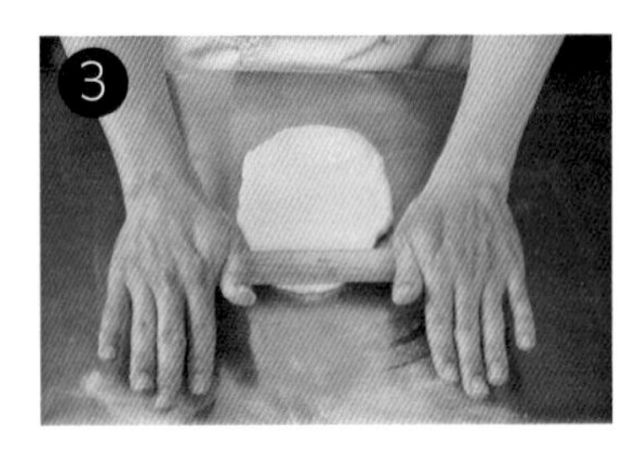

先往前捍開麵糰。

再往後將麵糰捍平。

雙手抓著麵糰前端兩角拉直，翻面置於桌上。

將靠近自身的麵糰兩角用力壓黏於桌上固定。

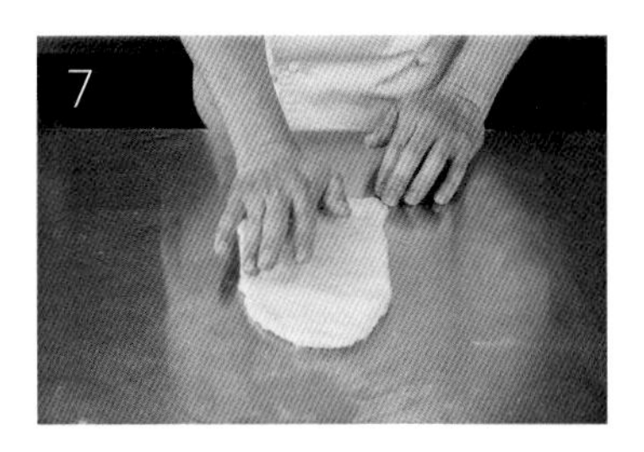

用手掌將靠近自身的麵糰壓黏於桌上固定。

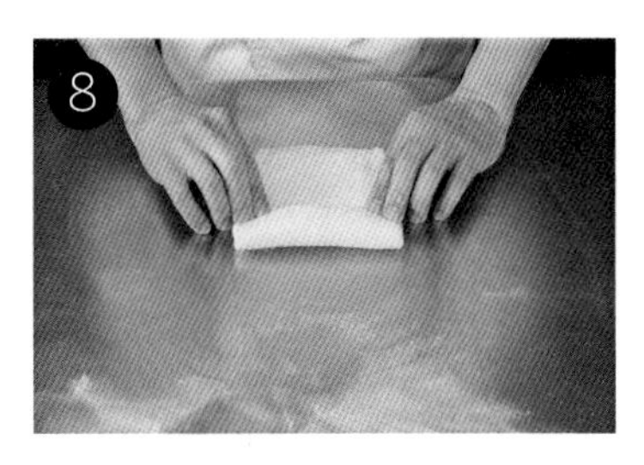

抓著麵糰前端拉直兩角，往自身方向捲起來。

持續捲成圓柱狀。

雙手稍微施力，前後滾動讓麵糰形狀更圓潤。

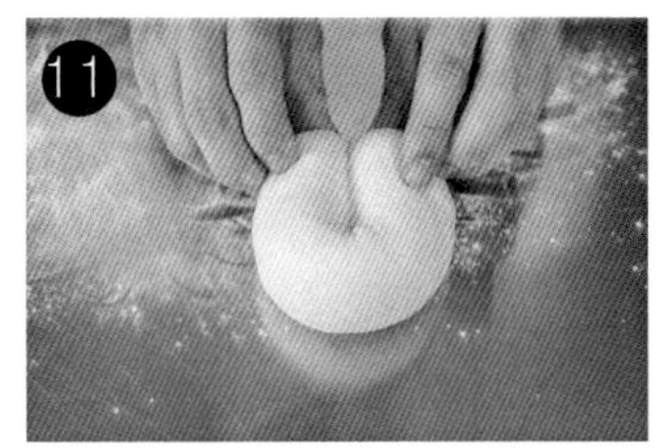

抓起麵糰兩邊對折如圖，收口朝內折。

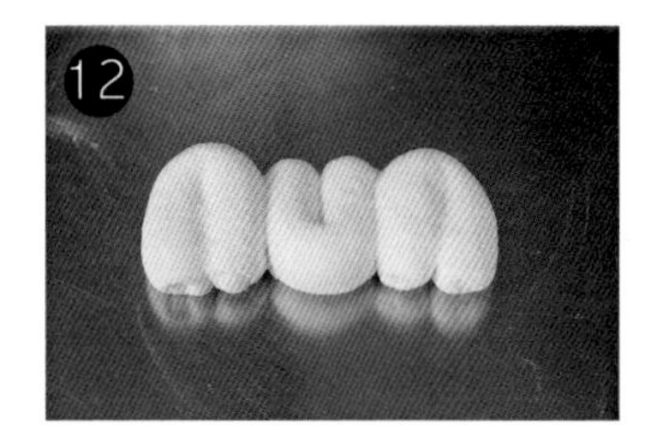

重覆以上動作，每3個麵糰組成一組。

將整型好的麵糰放進吐司烤模中，進行最後發酵，(溫度33℃,溼度85%）時間約60~70分。

發酵至約模具八分滿即可進烤箱烘烤至表面呈金黃色即可出爐脫模放涼。

湯種吐司

利用湯種製作出組織Q軟，外皮香酥輕柔又有嚼勁，並尾韻帶有淡淡的甜味正是其吐司的特色。

TIPS！

麵糰溫度 .....23~25℃
基本發酵..........40P40
分割...........250gX2/條
中間發酵..............20分
最後發酵.......60~70分

★ 可製作12兩吐司模3條

材料（中種）	百分比(%)	公克(g)
昭和霓虹吐司粉	30	240
水	30	240

材料（本捏）	百分比(%)	公克(g)
昭和霓虹吐司粉	70	560
細砂糖	6	48
鹽	2	16
奶粉	3	24
優酪乳(無糖)	5	40
鮮奶	10	80
水	40	320
新鮮酵母	3	24
無鹽奶油	6	48
合計	205	1640

何謂湯種

湯種麵包是起源於日本的一種麵包製作方法。類似於中種法、酸老麵或液種法，湯種麵包是在一些麵包配方中添加一定比例的湯種麵糰使該麵包更加柔軟和更具有保水性。「湯種」在日語裡意為温熱的麵種或稀的麵種。『湯』的意思有開水、熱水、泡温泉之意。『種』為種子、品種、材料、麵肥（種）之意。
選擇用於湯種的麵粉，湯種的加水率相對於麵粉用量上限可高達100%，也是引發出湯種特徵的最極限。
將一部分的麵粉(20~50%)以熱水(90℃以上)揉和至麵糊60-65℃ ，使其部分糊化，利用其餘未糊化的麵粉酵素活性，藉由較長的熟成時間（酵素作用的時間），使澱粉酶酵素將糊化（α化）產生的糖化現象生成麥芽糖，引發出自然甘甜同時，也讓麵包口感更潤澤Q彈的製作方法。

優點

- 湯種糊化糖化生成麥芽糖，長時間熟成引發自然甘甜。
- 糊化作用使加水率提升，且麵包組織潤澤Q彈。

缺點

- 多一次攪拌程序，製程時間拉長。
- 麵糰水量不好控制，搓揉攪拌過程易黏手。

預爐温度	烤温	時間
上火250℃ 下火260℃	上火240℃ 下火250℃	30~33分

作法［STEP.1］

依序將湯種、麵粉、砂糖、塩、奶粉、優酪乳、牛奶、水倒入攪拌缸中。

用低速攪拌將材料拌匀。

拌至麵糰呈現無粉末狀態時停止機器，將攪拌勾上的麵糰刮下來。

註：刮缸前請先停止機器，以免受傷

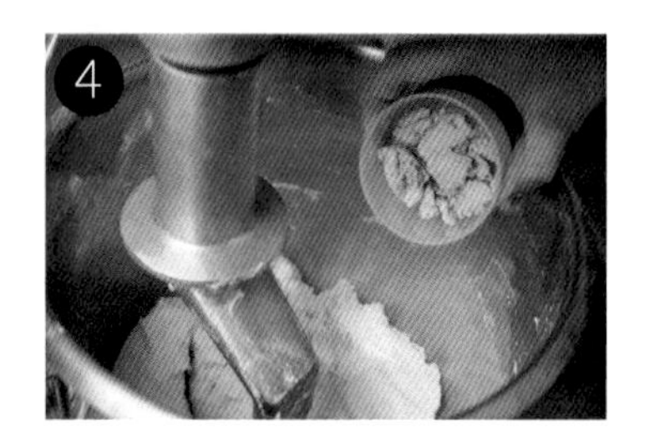

加入酵母。

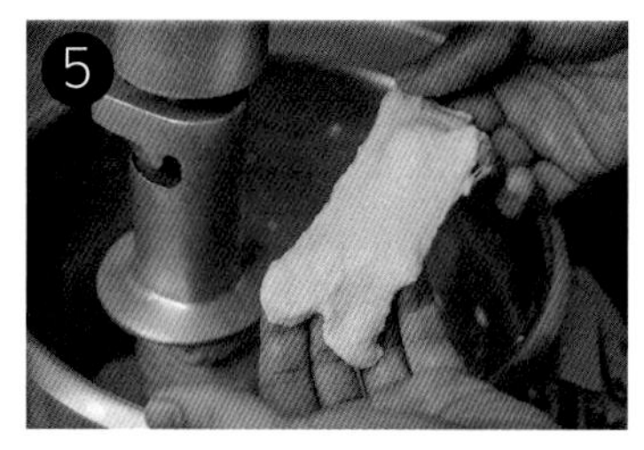

拌至麵糰有產生麵筋，進而轉中速攪拌。

拌至麵糰呈現表面光滑狀態時停止機器，取一小塊麵糰拉薄膜查看是否到達所需狀態。

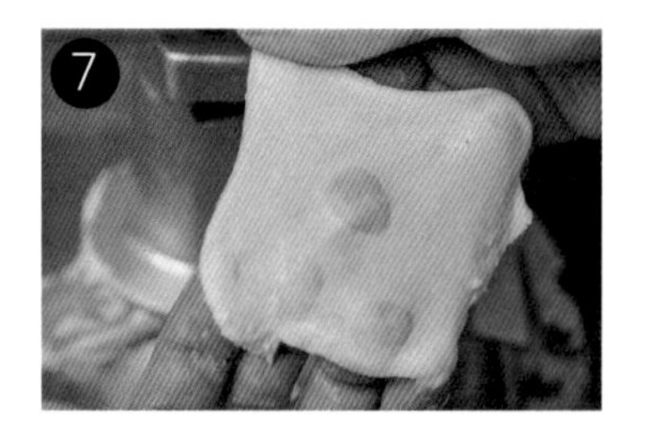

1.盡可能拉開麵糰，若能透過麵糰薄膜看見手指紋路即可進行下一步驟。

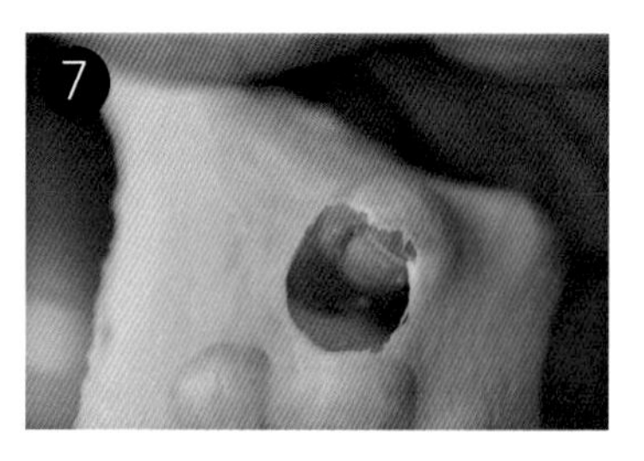

2.撕開的部份會呈現鋸齒狀這也是另一個判斷方法。

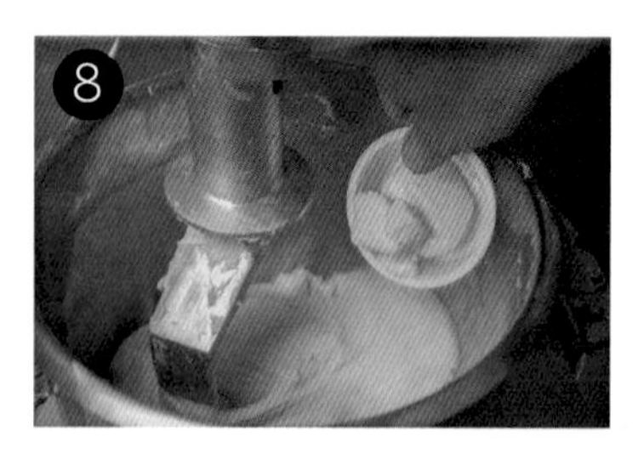

加入奶油，以慢速繼續攪打至均勻後再轉中速繼續打。

中速攪打至麵糰離缸狀態，取一小塊拉薄檢視薄膜是否到達理想狀態。

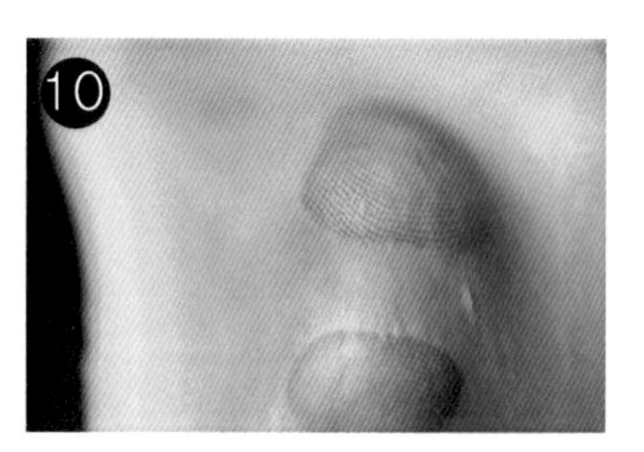

1.透過麵糰薄膜可看見指紋，此為最理想之狀態。

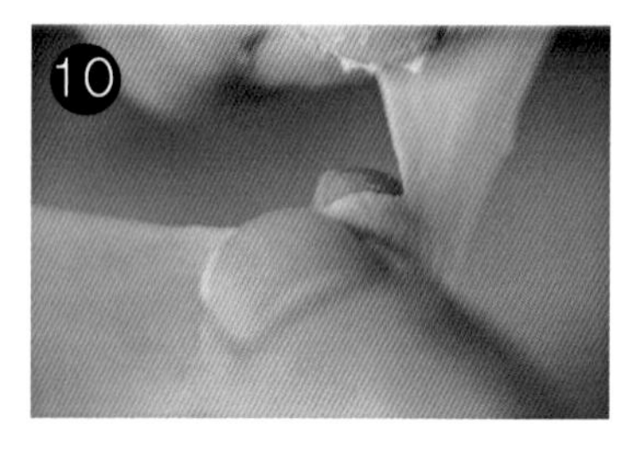

2.撕開薄膜呈現鋸齒狀，此為另一判斷方式。亦可拉甩麵筋感受膨脹彈性及延展性。

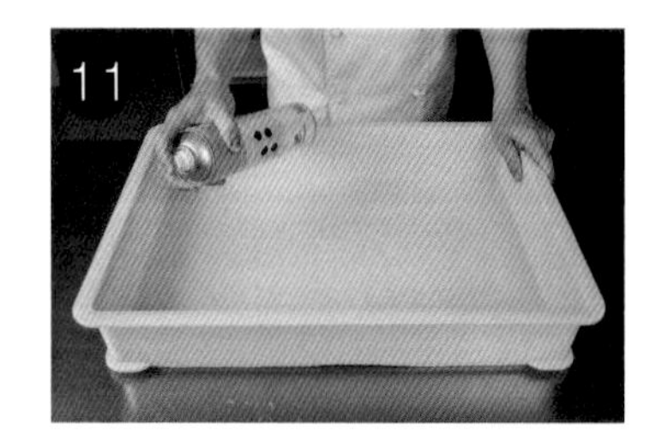

準備第一次整型，取一塑膠盒，噴上烤盤油。

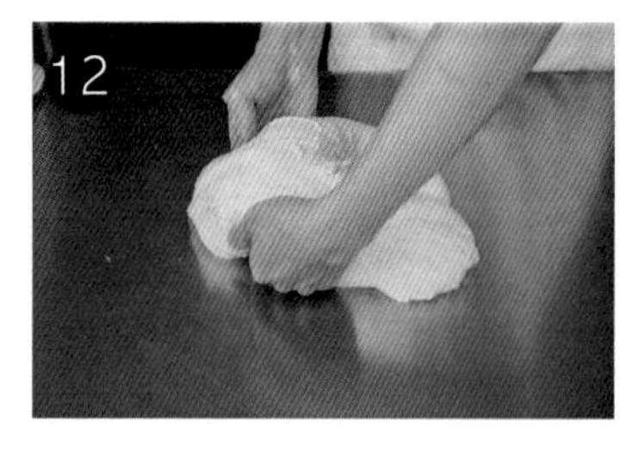

麵糰置於桌面，依圖用雙手拿起麵糰。

將麵糰轉正，再放置於桌上。

用雙手將靠近自己方向的麵糰2個角拎起，往前覆蓋前方麵糰。

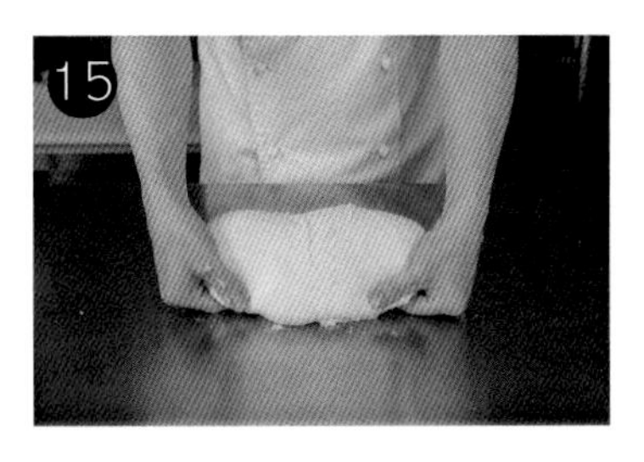

覆蓋前方麵糰後往麵糰下方收尾。再重覆步驟12~15約2次，麵糰會變得光滑。

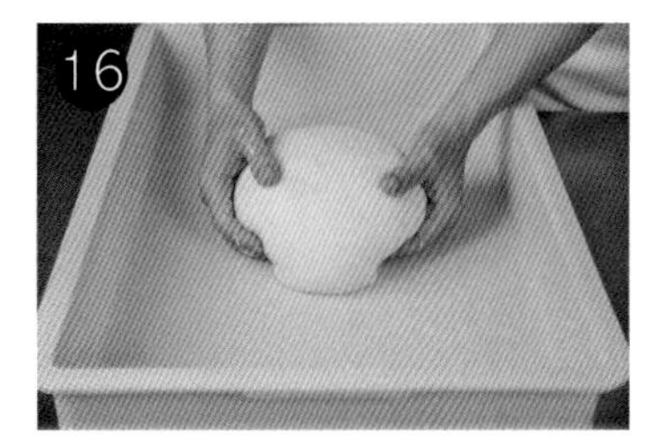

將整好的麵糰放入塑膠盒內。

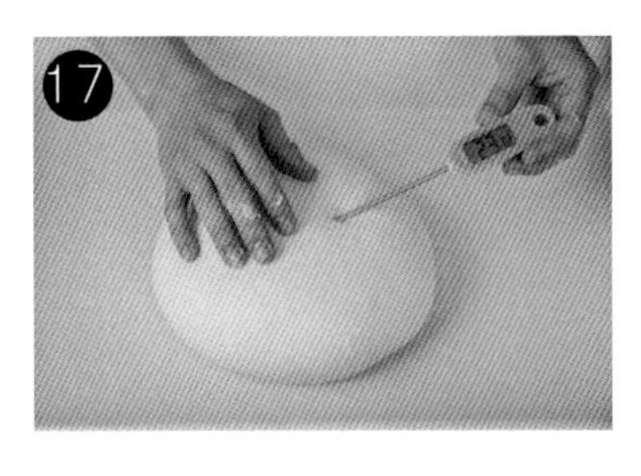

測量麵糰溫度，此時應為23~25度之間。

18

將裝著麵糰的塑膠盒置室溫或發酵箱(溫度25℃,溼度75%），做基本發酵，時間約30分。

STEP.2
翻麵與整型

請參考直接法吐司的「翻麵與整型」。
詳見P.3~P.4

註：刮缸前請先停止機器，以免受傷

STEP.3
分割與整型

分割與整型，是在製作過程中相當重要的技能
精準的分割能讓每個麵糰重量大小一致，也影響了最終成品的品相
整型的手法其實相當簡單，所謂熟能生巧，重覆不斷的練習可以讓你的成品賞心悅目

於麵糰表面灑上些許麵粉。

將麵糰翻面倒出置於桌面。

再灑上些許麵粉在麵糰表面。

將麵糰切出一長條狀。

抓取大約的麵糰切斷，並放上磅秤秤重是否合乎重量。

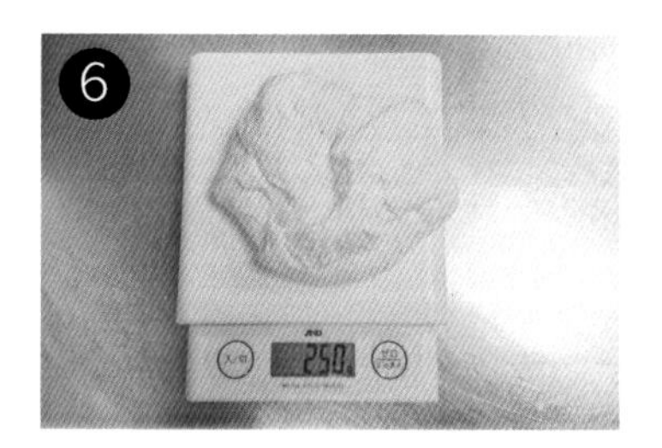

每個麵糰重量為250公克，多退少補。

將確認克數無誤的麵糰灑上些許手粉。

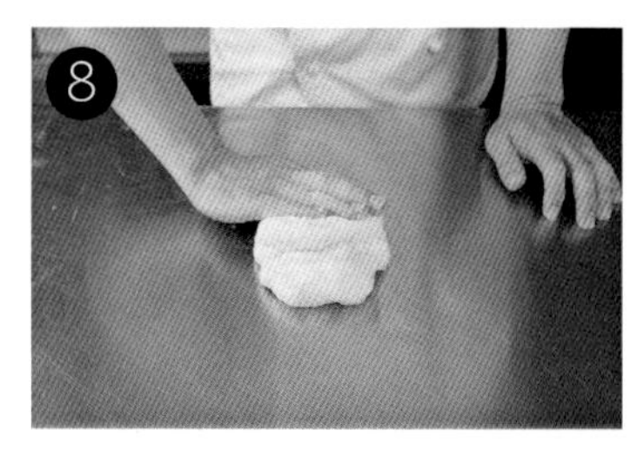

由後方將麵糰往前推捲。

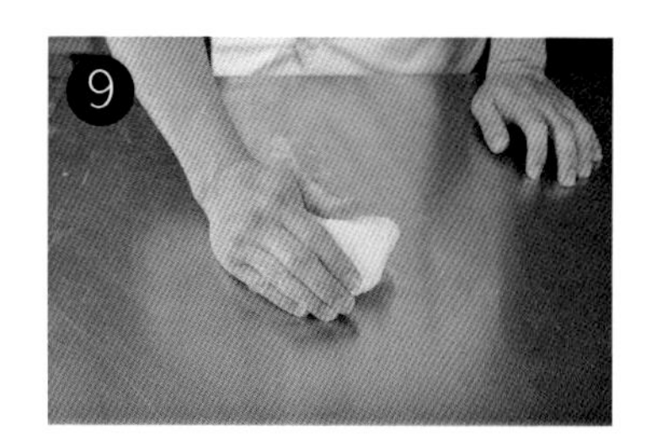

推捲至前方後，往右下後方收撥。

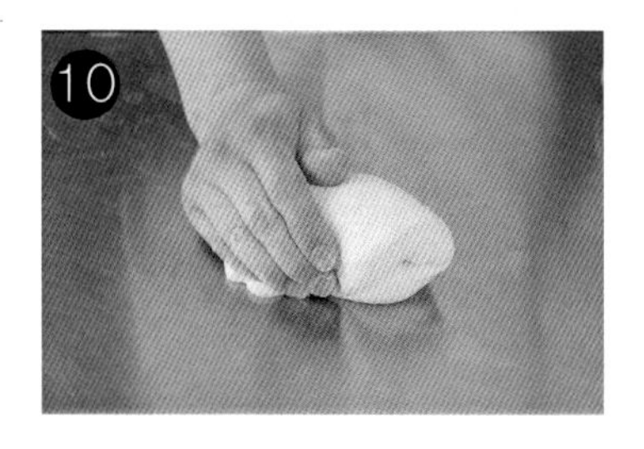

繼續往左上前方推的同時，往右下後方收撥，重覆滾圓動作。

重覆往右下後方收撥的動作約3～5次至麵糰呈圓形光滑即可。

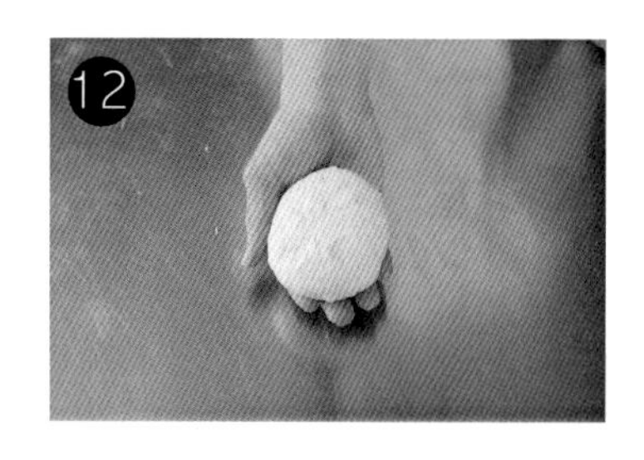

最後麵糰呈現的圓形光滑樣。

將所有麵糰重覆以上分割／整型動作，並放入塑膠盒，準備中間發酵。

14

置室温或放入發酵箱(温度25℃,溼度75%）進行中間發酵，時間為20分。

注意　發酵注意事項：判斷方式為發酵至原本麵糰的2倍大左右即可，勿過度發酵。下圖為判斷方法－用手指插進麵糰中央，呈現凹陷狀態不會回縮即可進行二次整形。

註：刮缸前請先停止機器，以免受傷

STEP.4
二次整型

二次整型，也是最後一次整型。
將多餘的麵糰空氣排出，使用桿麵棍壓平，將麵糰整形成想要的作法，
在這個最後階段，可以用許多種不同的手法來捲、折、揉，想做成什麼樣的吐司，取決於你。

於麵糰雙面灑上些許麵粉。

將麵糰稍微拍平，將多餘空氣拍出，再翻面置於桌上。

抓住麵糰尾端，往前對折。

此時麵糰呈現如餃子狀。

將所有麵糰依序整型後放置於塑膠盒中備用。

將麵糰置於桌面，雙面灑上麵粉。

將麵糰置於桿麵棍三分之二處，開始前後將麵糰桿開。

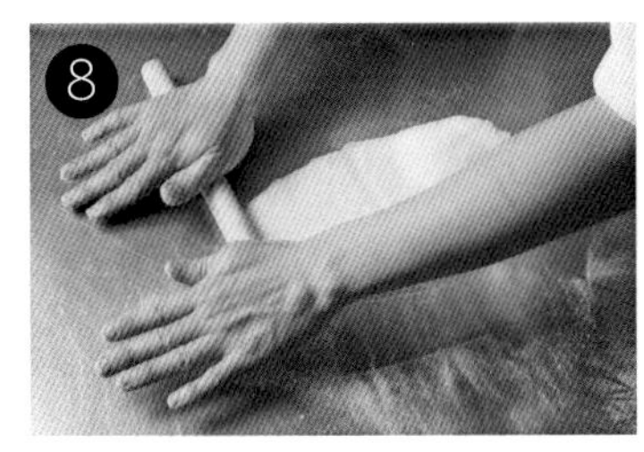

將麵糰以前後方式完全桿開，如圖。

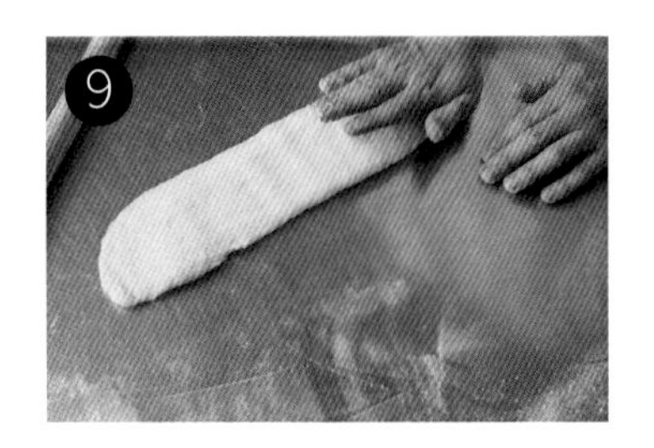

按壓麵糰最底部，讓麵糰固定在桌面。

將麵糰翻面。

從麵糰上方開始往內捲收。

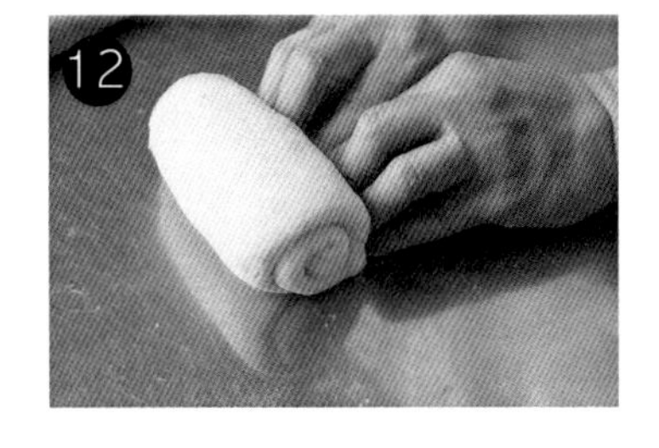

一直捲至麵糰底部收尾。

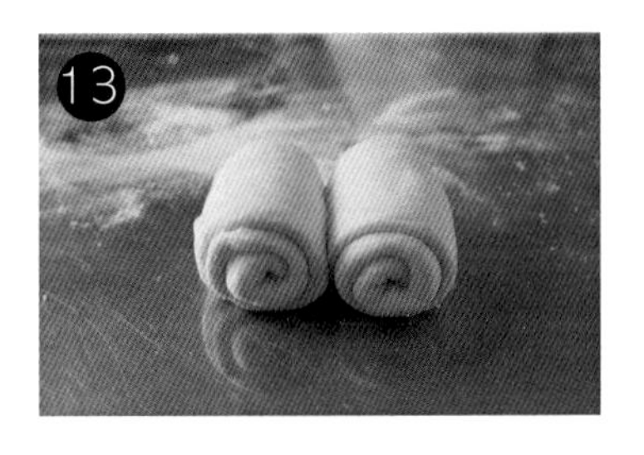

重覆步驟6~12動作，每2個麵糰組成一組。

將整形好的麵糰放進吐司烤模中，進行最後發酵(溫度33℃，溼度85%)約60~70分，即可進烤箱烘烤至表面呈金黃色即可出爐脫模放涼。

中種培養

自己的酵種自己養

材料

昭和霓虹吐司粉...400g
水（約20℃）.......280g
新鮮酵母......................4g

作法

將準備好的器具及雙手使用食用酒精（75%）消毒，並用餐巾紙擦拭。

將新鮮酵母加入水中，攪拌均勻。

依序將麵粉、拌勻的酵母水加入消毒過的攪拌缸中，使用低速打至成糰即可。

準備一個鋼盆，用食用酒精消毒並噴上烤盤油。

將成糰的麵糰放入鋼盆，用保鮮膜密封，插入溫度計（置室溫25℃1小時，麵糰溫度23~25℃），再置於冰箱冷藏(6~8℃)12～16小時，隔天即可使用。

隔天養種成型後的中種

備註

中種發酵約2倍大
風味聞起來有淡淡的小麥甜味，但不會酸

液種培養

自己的酵種自己養

材料

昭和霓虹吐司粉...400g
水(約20℃) 400g
新鮮酵母......................4g

作法

將準備好的器具及雙手使用食用酒精（75%）消毒，並用餐巾紙擦拭。
（補充：麵糰量大時，亦可用攪拌機攪拌）

將新鮮酵母加入水中，攪拌均勻。

將拌勻的酵母水加入麵粉中。

註：刮缸前請先停止機器，以免受傷

用食用酒精消毒雙手。

用手將材料拌勻，再用刮刀將缸邊刮勻即可。

用保鮮膜密封，插入溫度計(麵糰溫度23~25℃），置於室溫25℃1小時，再放置於冰箱（6~8℃）中冷藏12~16小時，隔夜即可使用。

備註

液種發酵至有明顯泡泡及缸邊有稍下陷
拉開組織呈現許多的小氣室
聞風味有小麥的香氣，但不會有酸氣

湯種培養

自己的酵種自己養

材料

昭和霓虹吐司粉...240g
水..............................240g

作法

將準備好的器具及雙手使用食用酒精（75%）消毒，並用餐巾紙擦拭。

將水煮至90～95℃後秤重240克，倒入裝有麵粉的鋼盆中，用攪拌機拌勻。（麵糰溫度60～65℃）

將材料拌勻後的樣子。

註：刮缸前請先停止機器，以免受傷

用保鮮膜將麵糰封起來，用尖銳物沿邊緣間隔戳洞透氣。

等涼了後用保鮮膜密封，放置於冰箱中冷藏（6～8℃）隔夜12小時後即可使用。

隔天養種成型後的湯種

備註

大小不變
表皮不可變乾，不要變黃
聞起來甜味十足

麵包保存方式及預熱方式

1.準備乾淨塑膠袋
2.切好每次食用的份量(麵包已冷卻再切)
3.一一裝入塑膠袋中密封
4.隔日食用(常溫下可放置2天)
5.未來數日食用(冷凍下可放置15天)

烤箱回烤方法

- 烤箱以150-160度預熱
- 麵包外皮稍微噴水(勿噴至麵包體)
- 溫度到達，溫度歸零，關電源
- 放入烤箱運用餘溫烘烤約3-5分鐘。

電鍋蒸烤方法：適用歐式(硬式)麵包

- 廚房紙巾噴溼置於外鍋底部
- 放上麵包(按下開關)
- 約3分鐘自動跳起即可食用

小提醒

1.麵包回烤前記得要先從冷凍退冰(室溫)
2.麵包回烤後請盡速食用，避免重複回烤影響口感
3.麵包請勿放置冷藏，冷藏會加速麵包中澱粉的老化，使麵包乾硬、粗糙、口感差。
4.冷凍是麵包的最佳保存方法，這樣才能鎖住麵包的水分，要食用時先回溫，或是回烤，重點是這樣還能吃到麵包的美味。

特別感謝

原料提供、場地提供、器具提供 / 墨菲 烘焙教室Moffy

器具提供 /桃李 手作烘焙Peach&Plum、拾分 Break Time、格那修手作蛋糕ganache

拍攝協助 /賴揆澔、高煥鈞、李享紘、陳詰青、莊家芸

協助編輯 /郭胤霆、莊涵琇

攝影、排版設計/ 郭胤霆

new york
mexico
Dessert
around the
world
FUN

FUN-STUDIO

THING POSSIBLE.

基礎理論 + 精選吐司配方

作　　者 鄭旭夆
攝　　影 郭胤霆
設　　計 郭胤霆
文　　字 莊涵琇

發行人兼出版總監 鄭旭夆
出　　版 夆工作室
發　　行 夆工作室
地　　址 711台南市歸仁區八甲里大仁六街38號
電　　話 (06)330-9866

印刷銷售 秀威資訊科技股份有限公司
地　　址 台北市內湖區瑞光路76巷69號2樓
電　　話 (02)2796-3638

二版一刷 2018年3月 Printed in Taiwan
定　　價 NT.390元
I S B N 978-986-95356-1-8(平裝)

國家圖書館出版品預行編目(CIP)資料

基礎理論+精選吐司配方 / 鄭旭夆作. -- 二版. --
臺南市 : 夆工作室, 2018.03
面； 公分
ISBN 978-986-95356-1-8(平裝)

1.點心食譜 2.麵包

427.16　　107002361